好的人生是有风雨但不凄迷

月滿天心 —— 著

中国商业出版社

图书在版编目(CIP)数据

好的人生是有风雨,但不凄迷 / 月满天心著.——北京:
中国商业出版社,2018.4

ISBN978-7-5208-0241-3

Ⅰ.①好… Ⅱ.①月… Ⅲ.①成功心理–通俗读物
Ⅳ.①B848.4-49

中国版本图书馆 CIP 数据核字(2018)第 025642 号

责任编辑:姜丽君

中国商业出版社出版发行

(100053 北京广安门内报国寺 1 号)

010-63180647 www.c-cbook.com

新华书店经销

三河市天润建兴印务有限公司

※

880×1230 毫米 1/32 8 印张 220 千字

2018 年 6 月第 1 版 2018 年 6 月第 1 次印刷

定价:39.80 元

※※※※

(如果印装质量问题可更换)

目 录 CONTENTS

目 录 CONTENTS

▷ Part2 成长之痛

▷ Part3 爱过错的人，走过错的路，却没有错的人生

CONTENTS 目录

Part4 走过时光，走不过的回忆

Part5 你永远不知道，下一刻会有多美好的事发生

Part 1

好的人生，是有风雨却并不凄迷

只有坚强是不行的，重要的是有办法

10 年前,我是个既没有文凭又怀了满腔梦想的女孩子。执拗着,远离家乡,到陌生的城市讨生活,追逐梦想。

秋天，打工的毛衣厂已经 5 个月没有发工资了,大家都没有心思干活儿,将机器摇得哗啦啦乱响。偌大的车间里,到处都是阴郁的面孔,年轻的,愤怒又无奈的,困兽般的表情。

据说,厂长看毛衣厂要赔钱,携款逃跑了。也有人说，财务部把账丢了，无法发工资，正在商量对策……各种流言满天飞，也不知道哪个是真哪个是假，总之就是一个结果：没有人发工资。

5个月的辛苦劳作都化为乌有，大家都自动留在厂子里，每天睡觉，睡醒了吃饭，等待奇迹降临，等待5个月的工资从天而降。

可是，厂子不生产了，厂长和主任都不见了，食堂便也不做饭了，厨师们都回家了。留下来，就要自己解决吃饭和住宿的问题。许多工友为了等工资，都回家向父母要生活费，我没有办法回家要，知道家里也没有多余的钱来给我。

我手里的生活费本来就不多，为了省钱，每顿只吃一个馒头，一天吃三个，不吃蔬菜，一袋榨菜吃一天，或者买一份凉皮当菜，就着馒头吃。那时候，一份凉皮一块二，摊主人好，有时候可以买半份，多给加一些调料。

可是，工资一直都遥遥无期，就算是这样省，还是到了山穷水尽的地步。后来，厂子一直不交租金，房东就将我们从宿舍赶了出来，我们只好各自解决住宿问题。我只得拿出一部分钱，和工厂里的另一个女孩合租了一间小房子。房子在城中村，是那种老式的民房，朝西，冬天冷夏天热，房子很潮湿，里面除了两张小床一张凳子外，啥也没有，我们俩都没钱，一应生活用品都不敢买，凑合着，等待着。

一个星期后，我身上的钱还是快花完了，数来数去只剩下四十块零八毛。静夜里睡不着，想想这个工作，那时找了半个月才勉强找到这个织毛衣的工作。我做得很认真，很珍惜，我只是想凭自己的力量生存下来，我不怕辛苦、不怕劳累，因此，计件工作很适合我。我每天都独自加班到很晚，有时候到12点，夜很深沉了，一个人在空旷的车间里有些害怕，才会放下手里的工作，回宿舍睡觉。这么久，我一直都相信厂长的话，拖一下就会发工资的，每天都带着希望醒来，浑身充满了干劲。因为我知道，这虽然不是我梦想的终点，却是起航之处，生存根本。可是，如今，5个月的辛苦与希望却付诸流水……

再后来，许多姐妹都坚持不下去，彻底收拾东西离开工厂回家了。我不能走，我也不想就这样走。我每天都站在工厂门口，等厂长回来。

还剩三十块钱的时候，房东下了逐客令，要我们半个月内交房租，否则，搬走。

那天晚上，我从毛衣厂出来，骑着车子，直接去找樊华。樊华是我男朋友，在一家市报当记者，我们相识在书店里，两个人同时看中了一本书，余杰的

《火与冰》，都喜欢同一本书，又都是青春正好的年纪，便有了共同话题。认识半个月后，他开始追求我，那是一道怎样的风景啊，女工宿舍门前，他穿着笔挺的西装，捧着一把鲜红的玫瑰……我虽然在工厂里做临时工，但当时也报了自考，一边上班一边学习。

这是我第一次去家里找他，以前，都是他来找我，我想，先借点钱，应该是可以的。

可是，樊华给了我两百块钱，嗫嚅着提出了分手，我轰一下就明白是怎么回事了，血液哗啦一下凝固、回流。

我懵了片刻，将两百块钱轻轻地放在他面前的鞋柜上，转头往回走。像一具尸体，游走在回家的路上，好像是迷了路，直接走到火车道旁边来了。风是冷的，彻骨的冷。可是我一点感觉也没有，深秋，树叶子哗啦啦往下掉，有时候砸在脸上，生疼的。我就在那里坐着，一直到天亮，想着两个问题：是天无绝人之路，还是天真的要绝我的路？

当太阳跃出地面的时候，我回家了。

出租屋里整整齐齐，同租的女孩子留下了一张纸条："这个城市不适合女孩子，我回家了，你保重！"

我看着那张纸条，一片茫然。我坐在床上，掏出口袋里的钱来数，一张一张地数了无数遍，一直数到日上三竿，依然是三十块钱。男朋友没了，同租女孩也走了，要工资的希望渺茫。这么说，我要用这三十块钱，交房租，吃饭，还有活下去！

天上自然不会掉馅饼，地上也不会长馅饼。来不及悲伤，找工作迫在眉睫。

一连三天，工作依然无果，不管吃住肯定不行，所以，范围无端就小了很多。而且，许多工作根本就不欢迎女孩子，因为没文凭，就需要力气。我是没有文凭又没有力气。

第一场雪飘飘扬扬落下来，马上就到圣诞节了，经过校园，看见那些女孩子们，花枝招展，笑声清脆，和我一样的年纪……羡慕神往之余，我忽然灵机一动，顾不得伤感，马上骑了车子，奔赴批发市场，这个城市有个很大的批发市场，在城郊。两个小时后，我返回来，自行车的后架上多了30张圣诞卡——既然早晚会挨饿，不如赌一把。我将身上所有的钱都批发了圣诞卡！

在学校大门口摆摊卖的东西有限，可买可不买的就不买了。于是，我将圣诞卡收在一个小包里，在晚饭时分，直接进了学校，走进了女生寝室。一路都没人拦我，我想是因为我也像这里的学生吧，本来就是这样的年纪，能有什么不同呢？

顺利来到女生寝室，敲门，进门推销。那一刻的我，真的是尴尬万分。女生们虽然对我这个不速之客有些惊讶，但到底是不好意思向外赶，于是围拢过来看，见了漂亮的，就买下来，反正也不贵，一张三块钱。让我没想到的是，才走了五个寝室，三十张卡就卖完了，甚至还有个女生和我约定，第二天一定要再来。否则，她们还要到外面去买，比我卖的贵。

出了校门，我没来得及回家，就站在一个路灯下，掏出一把散钱数起来——除了本钱，居然赚了四十块。赚一半还多。那一刻，我突然蹲在灯柱底下放声大哭，积蓄了太久的委屈和恐惧全部被释放出来。

那天，我在路边吃了半个月来第一顿不是馒头的饭。

连续一个星期，我每天往返于批发市场和学校之间，除了圣诞卡，我又加上了许多别的小东西，比如小卡子、卡通相册，甚至还有方便面和面包，都是女生喜欢并需要的东西……那些批发来的小东西出奇地便宜，我赚得也少，卖得却快。

房租交上了，吃饭有着落了。攒够一点生活费，我又一次走进了自学考试的考场。一个女孩子，要想真正有尊严地生存下去，只有坚强和勇气是不行的，还要有底气。

我一边考试，一边将自己的摊子铺到了夜市去。然后，又租下了一间小店……3 年，自学考试的科目全部通过，本科文凭沉甸甸拿在手里，我又一次流泪了。

我们这些怀揣着梦想，却又一无所有的女孩子，在五光十色的城市里，像蚂蚁一样卑微，落入尘埃便寻不见了。这里，有梦想，也有曲折，有机会，却人情淡薄，爱情更是如镜中花朵。要想摆脱，光有坚强是不行的，还要有办法。

不是所有的坚强都通向美好，也不是所有的美好都会春暖花开。坚持是阳光，变通才是雨露，阳光雨露滋润着人生之花，常开不败。

是的，我很坚强，可是当面对绝路的时候，坚强并不管用，坚强只是一股劲儿，当不得饭吃，也换不来人民币，还得有办法，去执行。

我庆幸自己在最艰难的时候，坚持并且前行，没有后退。

所以，才有了 10 年后这个从容的我。

你必须付出一百分的努力，才能看起来年轻美丽

起床，我一边煎鸡蛋饼一边叫老公和孩子起床，等他们收拾利落，早餐也上桌了。一边安慰女儿今天考试别有压力，一边是老公伸手来要钱："手里没有零花钱，今天老同学来，要请吃饭。"

"你不是刚发完工资？也没有交给我啊？"

老公白了我一眼："这个月因为我妈住院请假没有全勤奖。工资还房贷刚好。"

拉开包包抽出几张粉红钞，打发大的小的出了

门，开始收拾残局，收拾自己。浅蓝色西装，及膝裙，浅口皮鞋，干净利落，永远也不会出错。

今天公司安排接待一个来旅行并顺便考察学校的法国老太太。本来想直接去机场或者哪里接她，她却执意约在了一家咖啡厅，作为接待，我只好顺从她的意愿。在单位处理了一些事，上了一节课，便赶往咖啡厅。

约定的咖啡厅环境优雅，钢琴声似有若无。

人没来，只有靠窗边位置坐着一个女子，金色的波浪发，苏绣披肩，手绣长裙，背影窈窕秀丽，肯定不是。

但是她的背影真好看，我找个靠门的位置坐下来，谁说女人不喜欢美女？那样赏心悦目的美好背影，让我沉迷，也让我感叹，年轻真好。

10分钟过去了，约好的人还没来，我拨通手机，“金色波浪发”包里传出铃声。我惊讶极了，铃声响了三声，她接了。我走过去，结结巴巴问道：“请问，您是苏琳娜女士吗？”

她也很吃惊，点点头。

我说：“我以为您是一位小姑娘！”

她也惊讶：“不是告诉我是一位年轻女士接待？”说完她又急忙补充：“对不起，我的意思是说，我看到的是背影……”

得,什么也不用说了,我印象中 50 岁穿着套装的法国老太太如此时尚明丽,像一朵张扬的玫瑰。人家印象中风姿绰约的 36 岁少妇,却穿着蓝色的西装和及膝裙,暮气沉沉。不互相认错才怪。

苏琳娜觉得脱口而出的那句话伤害了我,所以,又说:“为了表示歉意,我送您一首曲子。”她走过去对侍者说了几句什么,侍者引着她走向钢琴。

专属于我的《秋日私语》响彻咖啡厅,我捧着咖啡,目不转睛地盯着苏琳娜优雅舒展的背影,钢琴曲入心入耳,忽然间就热泪盈眶。看看人家法国老太太的日子,再想想我,每天雷打不动 10 点上床,6 点起,早饭、午饭、晚饭、买菜、公司、孩子学习、老公动向,不上班穿家居服,出门穿西装短裙,不化妆不参加任何活动,生活稳定得如一潭死水。

苏琳娜弹完了,提着裙子走下吧台,回到座位。

我说:“谢谢您的琴声,真好听。”

苏琳娜一笑:“我喜欢弹钢琴,喜欢旅游,喜欢中国的刺绣和大裙子。”她撩起裙子:“像花朵一样,女人的青春也像花朵,我觉得中国裙子可以让女人的青春更长一些。”

她哈哈笑,笑容明媚。

开场白轻松而愉悦，自以为的职场女性的自信像坍塌的堡垒，我语句凌乱，笑容慌张，整个谈话过程，我都心不在焉，一会儿想到自己为了舒服没有穿有钢托的内衣，使得胸型并不挺括，一会儿又想到我裸着的唇色，到底有多苍白无趣。我没有喷香水的习惯，也不愿意穿细高跟，不知道从什么时候起，穿衣打扮一切都以舒服为主，让自己躲进人群中成了最不起眼的那个，并没有觉得不妥，我觉得我生活得从容而自在，但却在一个比我大将近 20 岁的法国老太太面前溃不成军。

在参观学校的时候，我们一直都在聊天，我向她请教年轻美丽的秘诀，她说："哪里有秘诀。"

那天回到家，我一个人在卧室坐了好久，镜子里映出一个颓然保守木然的脸和身影。这就是我吗？即将老去，并且永远老去的女人？我才 36 岁，就将自己裹在了灰色套装里，其实并不是因为忙和保守，而是因为懒和懈怠。舒服这么重要，让我忘记了美好。

现在，社会上每天都有人在转发女人要怎样独立和坚强的文字，女人们拼杀搏斗在职场与婚姻中，扮演着女强人、彪悍妻子的双重角色，却独独忘记了美成一道风景也是对自己的一番报答。

也许是因为职业的关系，我的女同事们大多不爱打扮，为了不出错儿，穿最基本款的衬衣或者外套，半裙或者裤子是首选，鞋子都是矮粗跟或者干脆平底，爬山都不怕累的那种。我们很努力地生活，不但业务精进，还要惦记着一日三餐买菜做饭，很少有时间逛商场进电影院，喝茶喜欢用一个大的玻璃杯。曾几何时，我们也曾经是精致的少女，裙裾飞扬，是什么让我们跌进了世俗的深渊，一路丢弃了美好？

脑海里旋转着苏琳娜的身姿和优雅的琴声，她不是美丽的花瓶，她钢琴弹得那样好，作为单位委派的代表，业务方面也能侃侃而谈。她的青春好长，她的人生好优雅，同样是女人，可是我的青春在哪里？

十几岁的时候，每天在高压下拼命学习。中学6年，将自己裹在最普通的校服里，每天除了学习，最多的娱乐活动就是看看课外书。尤其是高中最后一年，几乎过着炼狱般的生活，最好的青春时光都用来学习了。后来毕业了，抓紧找工作、买房子、恋爱、结婚、生子……一路小跑着向前奔。穿基本款的衣服，做重复的家务！做约定俗成最“正确”的事，却独独失去了我自己。

照着镜子感叹，腹有诗书气自华，是一句多么不负责任的麻醉剂。我读了那么多书，可不护理皮肤，皮肤就会变得很差，毛孔粗而肤色暗淡；我读了那么多书，可不去健身房的话，身材就会变胖，腰就会变粗；不涂口红，唇色就会苍白；没有几个女人有本事用气质撑起平庸的衣服……一切的一切，都需要坚持和努力。诗书的作用是丰富我们的心灵，而美丽却能调动热忱，让我们自己爱上自己。

于是，我给自己报了钢琴和绘画课，每个周末都去学习，这都是我曾经的梦想，只是一直以没有时间和学这些并没有用为借口，一点点任由这点梦想沉到了心的最底层。我代购在日本买了 100 多片补水面膜，每天晚上洗衣服的时候贴一片，面膜对皮肤的改善作用简直太明显了，没有几天就有了水水的感觉。其实，只要放手去做，这些并不会影响到生活，可是为何那么多女人不去做呢？到处都盛产大妈，但美女却极稀少？

我和好几个女同事谈到这一点时都感慨，其实也不仅仅是懒和懈怠，导致我们将梦想深深藏起来的还有一点原因：不够勇敢。

我们习惯了和大家一样，不敢出格。大家下班了都去买菜做饭，你却去学什么钢琴，不是学生了，没有考级加分的需求，这样折腾自己是为什么呢？

我们的生活氛围总会让女性产生一种误解：女性注重外表就是比较肤浅。大家争先恐后地对捯饬自己充满了轻视，这真是巨大的不幸。那些守卫这些保守思想的人一定不会知道，想要年轻美丽，并不会比多读一些书，多考一个证来得容易。甚至美丽会更艰难一些，比如坚持锻炼，这不是一般的毅力就能做到的，就算每天敷个面膜这样看起来很小的事也根本坚持不下来，每月买一件新裙子、坚持一项生存之外的爱好，这种只需资金把控的行为则更难。

没有女人不想年轻优雅！苏琳娜对我的刺激是巨大的，我想做下去。

我还跟单位里年轻的老师们一起去练功房练瑜伽，有时间就带着孩子去郊区远足，化一个清淡的妆，穿质地优良的裙子，这些被人们认为最没用的事却丰富了我的灵魂。像苏琳娜说的一样，我每天都觉得自己像一朵开放的花朵。美丽，愉悦的首先是自己。

走在路上，阳光和裙裾一起轻盈跳跃，我觉得自己是这个世界的中心，这种感觉真好。

过了一段时间之后，所有人都夸我年轻漂亮

了，老公还主动承担起了家务。家里也并没有因为我的"优雅"而有丝毫凌乱和不舒服。

一句年轻漂亮，一丝若有若无的艳羡，看起来如此云淡风轻，可谁能想到这后面付出的辛苦和时间？所以，我们在尊重女性坚强独立的基础上也应当尊重优雅美丽，不是爱慕，不是喜欢，而是发自内心的尊重。

天生丽质的女人比例是很小的，通过自己的努力成为美女的比例同样很小，所以美丽是我们女人付出总有回报的一部分生命，我们需要这样的价值观。

我们总说，生活压力太大了，太浮躁了，岁月催人老！那么你听说过没有？西藏有一段路上写了这样一句话："慢慢走啊，等等灵魂。"其实应该改写一下："慢慢老啊，等等青春。"

其实两个人相爱就好了，太现实的人往往会被现实砸晕

下班出门，蓦然发现魏亮捧着花站在门口，我心里一喜，嘴上却说："啥日子啊，这么浪费？"

魏亮神秘兮兮地掏出一张卡片，交到我手里："老婆，我决定不读博士了，我要好好工作，赚许多的钱，让你过上好日子。我被一家大公司看上了，从下个月开始这张工资卡上每月的钱都归你支配！"

我一时难以接受这样的惊喜，也没有想过要获得怎样的回报，一时间有点呆住了，脑海里过电影

般闪过这几年的生活。

我凑在厨房灯下择成色很差的韭菜，眯着眼睛，凑近它们小小的身躯，一棵棵拣，将烂叶子黄叶子都掐掉。没办法，新鲜的蔬菜太贵了，简直有些逆天，而魏亮最喜欢吃我做的韭菜鸡蛋水饺。

我拼命拉业务，为了一个小单，就能醉倒在饭店里，醒了还以为自己出现了短暂昏迷。

我周末独自去照顾生病的父母。

晚上一个人睡觉。

而做这些的时候，我并不是单身，我有老公，他叫魏亮。我们是毕婚族，毕业就结婚了，我们彼此相爱，租住在一室一厅的房子里，生活拮据，却充满了甜蜜。我们开始打算得挺好，想着结婚后再找工作，这样两人也踏实，可是一踏进社会才傻眼了，三本在这个社会上已经和民工差不多了。我找了很久，才找到一个小公司文员的工作，收入不高，前途暗淡，一咬牙，怂恿魏亮去考研，这样他至少还有些希望。他本来就有这个底子，当初是因为要和我在一起才上的这个三本。

魏亮犹豫了一下，答应考研。从此，双方父母时有病痛，加上亲戚往来，生活开销……生活的重担都落到了我一个人身上。谁让我们老早就结婚了呢！结婚这件事，就是有利有弊，既可以让我们享受二人世界的踏实稳定，也要应付双方的亲戚。

在这样的情况下还要尽可能让魏亮吃好点补充营养，为了多赚钱，我主动调去了业务部，辛苦是辛苦，提成却高些。魏亮很心疼我，也很有自制力，拼命苦读。我却不觉得苦，任何获得，都要先付出，为了魏亮有一天能出人头地，最起码，在社会上能活得光鲜亮丽，我愿意养着他，考研，甚至读博。我爱他，在付出的过程中，无比欣慰和喜悦，已经足够好了。

通常，早上，我一个人醒来，阳台上一个模糊的剪影。魏亮已经在温习功课，背英语单词了。

我一年只买一件衣服，每天中午都只吃素菜，这样生活，并没有像别人想的那样有多少怨言和隐忍。我努力工作，努力爱我爱的人，心里一直都很满足。魏亮努力又上进，复习之外，他总是抢着多做些家务，还特别会利用时间，比如洗衣服的时候背书，择菜的时候念英语单词……我每天下班回来都累得像狗，而看到他心里却很温暖，他认真的样子，呆萌又可爱。

最烦人的其实不是辛苦，而是来自周围的声音，但凡没有点定力，就被他们劝到分手了。要好的朋友们得空就说，现在的男人都靠不住，你把他养肥了，他飞走了，你哭都没处哭，干脆拉他下来和你一起吃苦过日子。得知我一个人工作养着老公考研，同事们也议论纷纷，有一次我刚要推门进去，就听到他们在屋子里议论，这个说我傻，那个说我是被小白脸糊弄的，更有甚者，认为我这人思想有问题，思维方式太农村妇女，以夫为天，不是文明社会的人，干脆都不搭理我，把我边缘化了。有一段时间，连我妈都打来电话告诫，让我催魏亮尽快找个工作，说什么养家是男人的责任，女人养家早晚有一天鸡飞蛋打……

我偏不信这个邪，我相信魏亮。再不济，我不相信魏亮，可是我们也没做什么不合乎道德的事儿啊，女人爱一个男人就不能为他付出了吗？这是什么鬼道理！我甚至也想好了应对之策，就算有一天魏亮有本事了，扔下我高飞了，我也不会哭天抢地，怨天尤人，既然接受婚姻的各种麻烦、享受爱情的甜蜜，就应接受人性的瑕疵。

在这些乱七八糟的言论中，魏亮却很争气，考上了一流大学的研究生。研究生 3 年，他除了年年成绩优异，还不断地给报纸杂志写文章赚稿费作为学费。他读研究生这几年，我其实没那么辛苦了。

我鼓励他，继续读博士，我养他，等他将来再养我。魏亮望着我，笑了："那我就读博士。"

谁知道，他没等拿到毕业证就悄悄去了一家大公司应聘。凭着优异的成绩和才华，他不但留在那家大公司成了高级白领，还很快就做了部门领导，"钱"途一片光明。

那一晚，我在同事们羡慕嫉妒恨的目光中挽着魏亮走向电梯，心里甜滋滋的。南方民间有句谚语：萝卜菜籽结牡丹。意思是说，不要把一个人一件事表面化，只要悉心用心尽心，并给足信任，萝卜菜籽也能开出倾国倾城的牡丹花来。

我只想在这个复杂的世界里，简单行走

很多年前，某一次在上学路上遇到一个老人，拉着满满一车大白菜，很吃力地上坡。我正好也走到这个土坡，于是帮忙推上去，转身打算继续去上学。老人出于感激，放下车子走过来特意感谢我，一遍又一遍，如果智商换到现在，我会回一句："大爷，请叫我红领巾。"可那时候我没这个智商啊，说了一遍没事之后，面对大爷滔滔不绝的溢美之词，甚至上升到现在的小朋友都没有这么善良的了。我面红

耳赤，结结巴巴，好像做了贼，最后尴尬地离开，连个再见都没说。

这件事之所以记得如此清楚，是因为它暴露了我不懂周旋不会应付的本质，那时候是不明白的，后来的许多年我也不明白，只觉得活得别别扭扭，像一块被揉皱了的布，老是施展不开，没法淋漓尽致。

后来，写文章画画免不了会进入一个又一个圈子，各种群，各种聚会，后来会慢慢疏远一些，留下一些。清点的时候发现，疏远的那些圈子都有一个通病——大家从不吝啬溢美之词，无论什么作品，都一通乱夸，这天花乱坠的感觉我消受不了。当然也被人家背后说不合群什么的，我也并不在意，只要能避开这种交际，我就如释重负了。

于是终于茅塞顿开，我一直在以自己的劣势碰撞俗世的石头，许多东西是学不来的。我潜意识里一直想要的是另一种我更能接受的方式——开门见山，直来直去。如果大爷说："谢谢，你真是个好孩子。"那我肯定就蹦蹦跳跳转身走了，不会纠结记忆这么久。印象里不是我做了一件好事觉得红领巾更鲜艳了的自豪，而是一种挥之不去的沮丧和遗憾。

滥用溢美之词，是现代社交的通病啊，好假。

有人说这是礼貌，人与人之间需要虚虚实实保持美好，而我想说的是，自从我放弃了这种“礼貌”之后，真是有种身心舒展的痛快之感。

谈个出版合同，双方你来我往，怎么说呢，像大妈在市场上买白菜，哎呀，你给便宜一毛嘛。不成我赔本啦，就添一毛呗。就这样。

太假了。

对方说，出版市场不好啊，我们老总是连电子版权（影视版权）一起签的。作者的官方回复应该是这样的：“电子版权（影视版权）我已经签出去了。”我肯定不是官方啊，我是我自己，于是我说：“电子版权给你们，你们给钱？”完，一句话，谁也别装。懒得看画饼，我也不想周旋，大家直接亮底线，成就成，不成两散，下次有机会再合作。试探的过程好烦。

曾经遇到个磨叽的，一个合同连续打了两个月电话，烦都烦死了，最后连电话都不敢接。假话说得太专业，谈判技巧太纯熟，这样的合作方我应付不来。

幸好我不是什么大牌，不然该有多少人恨我啊。幸好我不用坐到谈判桌上，那样会把自己也输掉吧。

遇到一个暧昧者，迂回曲折，言语闪烁，每天试试探探真真假假，话说一半。我找个机会突然问："你是生活太平淡了想寻找刺激学人家找个情人啥的,还是喜欢上我了想正经来谈？这样转来转去我听着都累。没关系啊,想法直接跟我说,我不会骂人,也不会觉得被冒犯,我只有两个答案,答应你,或者拒绝你。犯得着这么费劲吗,大家都挺忙的。"

对方遁走。

哎,那什么你回来啊,我说真的呢,没骗人,智商在线,别跟我说情商就行,我认可的情商就是以最大的善意于人于己,努力向上,保持快乐,避免不必要的麻烦!

我期待会有这样一个世界。

朋友让帮个忙,不情愿,便回:"不可以,我不想做。"而不用费尽心思找借口:"那啥,我朋友的二大爷的女婿的狗丢了，我要帮忙去找所以没时间,对不住。"

真累。

买东西,最不喜欢可以杀价的地方,我喜欢明码标价,你情我愿,而不是费尽心机地设语言陷阱,因为杀价而特意抬高价码,为了杀价故意压低,人为设置一堆障碍,看谁先绊上。

最怕饭局聚会和不咸不淡的亲戚会谈,搜肠刮肚言不由衷，太违背人性了好吗？大家拼命装亲密，装喜欢对方，滥用溢美之词，而转身便如云烟。

我知道我是个另类，但我并没有因此而吃亏，反而顺畅轻松。

简单按照约定俗成来说是个贬义词，它意味着你不按照规则出牌，意味着你脱离世俗的人情世故，严重一点就是：你这个人神经病！

我知道这个世界很复杂，但是我只愿简单。我心柔软，我心良善，我心简单。

我喜欢水，清澈见底，通透纯然。

想要什么你就说啊，让人猜来猜去烦不烦？彼此又没有在调情，谁有兴趣跟你周旋？

其实还有个原因是因为我笨，我在家门口都能迷路，而简单便可直达，不至于迷路。简单是我与这个世界最好的相处方式。

所以我的世界不要虚与委蛇，客套敷衍，我走着，并且寻找同类。

那些小小的温暖如珍珠,串起岁月的一路美好

6月,我背起行囊去旅游。从廊坊出发,到承德,再到隆化,一路顺利。心若有界,止于神奇,我被大山深处拙朴原始的风景迷住了。那天,我从隆化出发,沿着太后岭一直向前走。宋朝的时候,隆化曾经是萧太后的都城,所以这里留下了不少关于萧太后和杨家将的传说和痕迹。今天我决定顺着这道太后岭向前看看,希冀着能发现什么历史遗迹。

山里黑得早,不知不觉,太阳就西斜下去。我急

忙沿着来路向外走，怕雇来的车子等不到我会提前回镇里去。心里焦急，步子就凌乱，连着跌了好几跤，腿上火辣辣的疼，眼看着夕阳匆匆下坠，一阵恐慌。这山上，白天景色虽美，夜里可是要吓死人的。

焦急中又走了一段冤枉路，天就完全黑下来了。我打开手电，借着光寻找来路。

这时，身后有车灯闪烁，我睁大眼睛站在路边，心里雀跃着——是一辆吉普越野车，看样子也是旅行者。

车子很快便开到了我身边，在我拼命挥动的手电光晕中，熄火，停稳，然后一个魁梧的男人下了车："小兄弟，咋逗留到这么晚？上来吧！我也是旅行的。"我说声谢谢，但是没动，借着车灯和手电的光，我看到这个男人黑塔一样，脸上挂着沧桑和狡黠。

"怎么，你……你是女孩子！"他忽然发现了我的脸，露出惊讶和意味深长的笑容。我被他的笑容吓了一跳，转身逃也似的大步向前走。

山里，黑夜，不怀好意的男人……比一个人走夜路还可怕。想起三毛在沙漠里遇险的一幕，荷西不小心掉到沙漠的泥沼里，三个坏男人开着车将三毛一路狂追，三毛是靠对沙漠地形的熟悉才开车脱的险。而我若是上了坏男人的车，脱险的机会就几乎是零了。

男人见我不打算上车,也没犹豫,轰一声就跑到我前面去了。我一边惊魂落定,一边在心里鄙视着:臭男人!

奇怪的是,他的车飞速开到我前面后就慢下来,一直保持在我的眼前,不停,也不加速,大概有3米的距离,尾灯在山路上迤逦,氲开了面前的一小块夜色。卵石路在车灯的映衬下泛着青光,我正好可以看见清晰的路面。

我在吉普车后灯的照耀下飞快走路。车子的响动驱走了一个人的胆怯和清冷,夜被搅得热闹了些。半个小时后,看到了雇来的车子,正停在山口的路边等我。

伸头去看吉普车,正好那个男人也停下车来,打开门,开了车前大灯,回头冲着我做了个飞吻,不羁的笑容,在暗夜里一闪,然后提速钻进夜色,消失了!

原来他的车没有坏,是为了用一路车灯护着我走出大山。眼睛一热,心里漫过湿漉漉的温暖和感动。

还有一次,也是深夜。

我上学的城市距离家里有100多里路,每次回去的时候都要转两趟车,在路上耗两个小时。那天,本来打算下午早一点走的，可是因为逛商场买东西忘了时间，赶到车站的时候已经是最后一班车了。

车停住时，已经是晚上八点多了，下了车，我才傻了眼，原来是手机欠费，下了车到家还有六里的路要走，无法通知家里来人接了。

正是九月丰收时节，路边的玉米刚刚成熟，幽深神秘得沙沙作响，我使出浑身的力气拖动着大箱子，累得汗水淋漓，也才走了几米。

望着两边黑漆漆的玉米地以及渺无人烟的四周，还有前面遥远的六里路，这样的走法恐怕是一夜也到不了家。再说，就算拖得动箱子，我也不敢走啊！一时间，恐怖小说里的白面女鬼，港台片中的小混混，仿佛都冒出来藏在可疑的玉米地，本就胆小娇气的我只好坐在箱子上呜的一声，哭起来了。

忽然，远处亮起微弱的灯光，慢慢听到摩托的轰鸣声，在静夜里格外大声。我马上停住了哭，既期待又忐忑地等着摩托的靠近。期待是因为这很可能是今天晚上经过这个荒凉小路的唯一行人了，忐忑是因为，不知道是什么人。

摩托车从我身边呼啸而过，我宽大的白裙子被风掀起来，黑黑的我看不清，但凭直觉可以断定是个年轻男人，我刚要呼叫的嘴张成了 O 型又闭上了。

“摩托车”显然看到了我，但是没有停，一直穿过不远处的涵洞才放慢速度，停下了。烟火一明一灭，他在点烟。

我犹豫着，要不要走过去。空无一人的夜，他停下了，那么也就是两种可能，他在等我然后帮我，或者，他在等我然后……我的汗水又开始往外冒。

但是，但是……我还是拖着箱子一步步向前挪，估计那个人的烟都抽完了，我终于赶到他身边，烟火还是一明一灭地闪，原来是一把打火机。看到我终于走过来，他笑着说：“怕你害怕，没敢停在你身边，但是一想停到涵洞你会更害怕，所以停到这儿来等你，可是，觉得你还是会害怕，就只好假装站着点烟抽……你还真慢啊，这么晚一个人拖个大箱子上哪里啊？”好听的男中音。

我说了村子的名称！

哦，他沉吟了一下，将打火机放到衣兜里，说：“上来吧！顺路。”一边发动车子，一边又说了一个名字，说他们是战友。这个人是我们村子的，听到这些，我的心稍微有点踏实了，想想也确实没有别的办法，就咬着牙，爬上他摩托车的后座，尽量缩起身子，离他远一点。他将我的箱子也拎了上来。可能是感觉到了我在发抖，他说他是在县城上班的，今天晚班！然后又一口气说了几个人名，问我认识不认识，我摇头，沉默，他只好说："你们村的人都不认识？你这孩子也是够不合群的，我是怕你害怕！找个共同认识的人聊聊。"

这句话说完，我忽然被逗笑了。因为经常在外面上班，所以我不认识他说的人，可是我突然相信他了。他一边和我聊天，一边骑着车，空气是淡淡的清新。

终于到了家门口，我欢快地跳下车子，借了灯光，发现他三十几岁的样子，很魁梧。见我看他，他不好意思了，拍拍我的肩膀："小姑娘，以后一个人不要拖着箱子去走夜路……"然后就掉转车头，我纳闷："你不是顺路吗？"他嘿嘿一笑："我早就过了家门几里路了。不过，我也要谢谢你的信任！若是你不敢上我的车，我不就少了一个做好事的机会。"他轻轻笑，有调侃的味道，然后，转身发动了车子，我大声喊："你的名字？"他挥挥手，摩托轰隆一声，冲出去好远，消失在了暗夜里，只留给我一个高大宽厚的背影……

泪水忽然模糊了双眼，暗夜里，为了一个陌生的女孩，这个大男人是如此细心和温暖。

突然想起报上看到的一件事，一个女子遇到歹徒，一路被追赶，呼救，但是诸多路人都无动于衷，后来女人急中生智，冲着路边的一个男人喊："大哥，快救救我！"男人二话没说，冲上来就打跑了歹徒。

有时候，我们遇到困难，不是因为大家都冷漠，而是彼此之间缺少一份信任。

其实，剥开陌生人之间那么多的猜忌、隔阂，心与心的距离并不遥远。信任能最大限度激发善良的心，有时候，一点小事、一个小契机就能让我们的善念闪现出美丽的光芒，温暖心灵，笃定一份陌生的情感。就像雪中的一颗炭再小，也能温暖整个心灵。

特殊的时候，也许不是每份好意都被接纳领会，但是心存善念的人总是有办法让温暖直达你的心灵。

那3米的距离，对于一个孤身的女孩子来说真好，既伸手可助，又不用让对方心怀忐忑！

小区的不远处新建了市场，菜蔬水灵，水果鲜嫩，早晚喧腾热闹，演绎着热气腾腾的烟火人生。女儿最喜欢拉我到那里去转，小孩子好热闹，喜欢在满目的翠绿中穿行，大概也是感受得到丰满生活的喜气，顺便在走走停停中买一些她喜欢的新奇小玩意儿。

这日，又应小女之愿，两个人悠闲地出了小区，奔向市场而去。新上市的草莓红艳艳清香撩人，女儿的馋虫被勾了上来，蹲在一筐草莓跟前说什么也不肯走了。卖水果的是个老太太，一身灰旧衣服，满脸都是风霜。我问了价钱，伸手摸钱，准备给小馋猫买上一点——却摸了个空，原来是出门的时候新换了裤子，钱包还在家里的旧衣服里睡大觉呢。只好使劲扯小女的裙子，小声说："妈妈没带钱，别买了！"女儿回头扑闪着眼睛看了我一会儿，不解，仍然指着鲜草莓要。她不到3岁，不理解钱与物是怎样的利益关系。怎么办？我只好使劲拖她，这下她恼了，为什么不给我买！我说："没有钱！"女儿想了想，从口袋里掏出一把石子递给卖草莓的老太太，大声说："奶奶，我妈妈没钱，你要小石头不？这是我刚捡的。"我窘得满脸通红，老奶奶张开嘴，笑纹都堆到脸上去了："小姑娘，我不要石头。"女儿仍不死心："可是，你这里并没有石头啊！"老太太绷不住，哈哈大笑起来："我的草莓要用钱买，石头可不行。"周围已经围了几个人，被小女惹得笑，顺便瞄一眼我这个抠门的妈妈。我的脸上火烧火燎，拖着女儿小手，向人群外走，女儿被宠惯了，没见过我这个粗暴样子，哇哇大哭，惊天动地的样子。

老太太忙拿了个小袋子，三两下便装好了半袋草莓，这个季节，这点草莓大概也要几块钱。递给女儿："乖，孩子别哭，奶奶送你一兜。"

这怎么行？我将草莓兜夺了过来，递回去："怎能白要您的草莓，我一会儿来给她买，现在忘记带钱了！"老太太将草莓又递了过来："谁都有个疏忽的时候，孩子想吃，你就别客气了！哈哈，这孩子招人疼嘛。"不等我说什么，女儿已经欢天喜地接过草莓，我只好一叠声对老太太说谢谢，一会儿给您送钱来。她笑一笑，就转身卖草莓去了。

我领了女儿，匆匆忙忙走回家，上楼，拿了钱又出来。再到那个市场，大约也就是半个小时的功夫，老太太却不见了，问了周围商户，见我不买东西，都不爱搭理。我只好悻悻而回。

第二天，打算出门访友，骑了车到市场，一眼便看见昨天的老太太正推着三轮车在卖水果，绿油油的西瓜、黄橙橙的柚子、鲜红的草莓。我走过去，一边问她为什么昨天走得那么早，一边挑了两个最贵的大西瓜，老太太忙不迭来称，显然已经不记得我了。

五月的天，本来晴好着，忽然就狂风漫卷，黄沙满天飞舞……我发了愁，这样的风，骑车根本就睁不开眼睛，可是打车的话，又要返回去放车子，懒。正发愁间，老太太好像已经看出了我的为难，就说：“姑娘，你要是出门，就把车放到我这里吧，我要到晚上才收摊的，是长摊，你可以打车去。”

我千恩万谢。

回来的时候，已经是薄暮，狂风一直都没有停，打车到了市场，里面已经空空如也，只剩下一辆三轮，满车的水果都蒙上了一层尘土，我的自行车好好地靠在三轮上面。我心说该死，怎么玩起来就忘了车子的事？急忙走过去道谢，取车子。

老太太笑眯眯地说：“没事，反正也要卖水果。要谢谢你，这么信任我，别人大概不敢放呢！”我心里一热：可是，市场里已经没有人了！她一边收拾了走，一边慢悠悠地说：“刚才还卖了一份呢。看风大的，快回家吧。”我想给她草莓的钱，可话到嘴边，终于没有出口。

只是此后，只要买水果便必到老太太的摊位，她那里有什么，就买什么。而她，就从来没记住过我。

这个时代，很多人都感叹人心不古，世风日下，可是我就一直坚信：这世上有一种善，就是发自内心，跟现实没有任何利益牵扯，也跟时代没有关系，这些温暖的善意平凡朴实得像路边的草，却点缀着整个春天的生机。也像散落在茫茫岁月中的珍珠，串起了一路的美好。

做得最好还是做得最久

我一毕业就进了一家旅游杂志当记者。那时候信心满满,浑身都是十劲儿,觉得只要努力了就会是职场的赢家。所以,寻找一切机会表现,不怕苦不怕累,通宵熬夜也毫无怨言。

正好,一家旅行社要新开辟一条旅游路线,想在投放广告的前期先用软文字的形式宣传宣传。领导考虑到我初来乍到,就派了两年前进杂志的另一名记者陈娇和我一起去线路上采风。我本着跟陈娇学习的心态,和她一起上路了。陈娇并没有老记者的架子，相反，她很照顾我这个新人，一路上都在跟我分享她的经验，还有她刚来时的好多趣事，我们很快就混熟了，我叫她陈姐。她像一个真正的姐姐，连水和零食都帮我准备齐全。但客气和热情也是距离，我发现陈娇跟我虽然谈笑风生，却绝口不讲关于专业的问题。

总之，和陈娇一起出差的这一路还是很开心的。

那次回来，我第三天就交上了描述华美的沿途风景软文，很有些洋洋得意的感觉——虽然我是新来的，可工作效率还是很高的吧！但是，主编浏览了一下我的文章，就微笑着从桌子上拿起了一摞打印稿："你先看看陈娇写的，学习学习，她昨天晚上就交上来了！"看到她华美的文笔，清新而又蕴含着感悟，我一下子就泄了气。

那次的文章刊发的是陈娇的。我不服气，又不得不服气。为了锻炼业务水平，我一直都把自己搞得忙忙碌碌的，查地理资料，写文章练习文笔，看书。同事间的聚会从来都不参加，上班几个月下来，和大家说话依然寥寥。我已经很努力很努力了，根本没有时间用来交际，再说了，我觉得那些看似热闹的场面太虚浮，我更愿意在专业上学得更扎实一点儿。

在一次集体采风中,大家三三两两,只有我形单影只。一路都在默默想怎么写稿子,回到家就很快写完了。然后去交,因为主编不在,就先将这次的稿子交到了主任手里。

周一上班,主编首先不点名批评某些记者稿子交得不及时。散会后专门将我叫到办公室,问我为什么没写稿子。我一听就急了:“我写了啊,交给主任了!”正在这时,陈主任敲门进来,用十分抱歉的语气说:“实在对不起啊秦晓乐,我将你的稿子忘在办公室里了!”他一个劲儿道歉,这边我已经听不下去了,稿子已经排完,上不了稿子就没有奖金,没有奖金还是小事,完不成任务会影响转正的。我明明什么也没做错,我第一时间写了稿子,也交了,可是他却不履行自己的职责,这不是成心给我添堵嘛!我阴着脸说:“道歉有什么用,这是你的工作,你没有做好,要赔偿我!”陈主任当着主编的面红了脸,不知如何是好。我盯着主编,用眼神逼他还自己一个公道,这件事本来就是陈主任错了,我理直气壮!

主编在我的逼视下,只好委婉地批评了陈主任。我这口气算出了一些。可是,再进办公室,气氛就不对了,大家的客气里明显带了生分,让我很不自在,工作上也频频出错。更让我沮丧的是,无论是采访还是写稿子,总是有人看似无意地提出我不专业的地方,我学的是中文,不是旅游,自然专业性不够强!人家说的都是事实,自己能力有限,容貌不美,而陈娇却不断出业绩,别说做杂志社的第一了,现在看来,想把这份工作做好都很难。

不知道问题出在了哪里,每天都很苦恼,这么消磨着时间,慢慢地混着,人也变得不积极了。几个月的时间,我就从兴致勃勃变成了萎靡不振,到底要继续留在这里不温不火,还是另谋高就?我去找表姐求她指点,表姐在一家私企做主管,一直都顺风顺水,她一定很有经验。

表姐听完我的苦恼,抿嘴一笑:"你的苦恼在于一开始的目标就是王熙凤,却不具备王熙凤的能力,结果就做成了赵姨娘!其实,和王熙凤同样地位身份的还有一个人,你可以学学她!那个人,就是李纨。"

我惊呆了,在现代职场顺风顺水春风得意的表姐,跟我说要我学王熙凤,还说我变成了赵姨娘。我心里很不舒服,谁不知道赵姨娘是《红楼梦》中最讨厌的一个人啊,我有那么不堪么。见我脸色不好看,表姐笑着说:"我没有别的意思,更不是要贬低你，你不要想歪，你先听我说完，就明白问题出在哪里了。”

王熙凤八面玲珑，她天赋才气，有资历垫底的，统领全家风光无限，可是，结局却不无凄惨；而李纨，无天分，无博学，无才貌，却得了个圆满结局——一品诰命夫人！原来，真正被人称为“菩萨”“佛爷”的大嫂子李纨才是真正厉害的人物。

李纨整日无所事事，但是她的月俸却比所有人都多，清闲自在，受人尊敬，老板并不对她寄予厚望，可却一直都很喜欢她。

首先，她得到的是老板的信任和喜欢，而不是崭露锋芒。没有人来评价李纨作为长媳妇的“专业”能力。她在探春倡导成立诗社后积极响应，她本身不擅长做诗，却具有鉴赏能力，在两次评比中，将两大才女宝钗和黛玉分别评了一个第一，皆大欢喜，洞悉又体贴，不偏不倚，不制造矛盾，深谙平衡之道。

她看上去安于现状，不具备上升的潜力，却也没有下降的忧虑。

贾府里谁没有敌人呢，只有李纨！

虽然一直都很喜欢看《红楼梦》，但是从来没有从职场的角度去解读，经表姐这样一说，再想想书中的诸多细节，李纨和王熙凤，作为同级别的妯娌，结局和专业能力完全不同，想来还真是很有道理。

从表姐那里出来，我真是茅塞顿开，再也不我行我素了，完全改变处事风格，我教陈娇的孩子弹琴，和陈娇一起出去泡吧……渐渐的，没有人再议论我的能力和专业了，因为我变成了合群的人，也不再被孤立和冷落，我成了一条鱼，在办公室里悠哉游曳。

一个办公室就像是一个大家庭，并不一定每个人都那么优秀的，不是人人都有专业才能，人际关系第一位的李纨没有能力做得最好，却有能力做得最久，最让别人舒服！

又过了半年，金融危机来临，杂志社也面临裁员的危险，我是最先公布留下的记者，和陈娇成为了真正的搭档。但是我心里清楚，陈娇是靠锋芒和能力，而我，则靠的是协调能力和细心，有眼力和好人缘！在资质上，我真的是完全追不上她，可是这样一番弥补居然也能协调。

有人说，当英雄路过的时候，路边总是需要一些鼓掌的人！身在职场也一样，每个人的能力都不一样，有时候受本身能力的制约，很难飞上枝头做凤凰。但，当英雄路过的时候，不会不需要在路边认真鼓掌的人！取长补短,用良好的人际关系也能打一个漂亮的翻身仗。

一个坐轮椅的女孩，是怎样成就自己的

一

十年前，我一个人漂在别的城市，租住在城中村，由于种种原因，总是要换房子。于是，就会遇到不同的邻居和有短暂生活交集的人。

记得那次搬家之后，晚上的回家都变成了有趣的体验，村落很古旧，青石板路经年累月，泛着白光，高跟鞋踩上去踏踏作响，夕阳坠下来，给小街涂抹上了一层浅浅的胭脂。偶有女人在院子外面支几

块砖，水壶坐上去，点几根木柴，片刻就有热气上涌，水咕嘟嘟开了。一对对情侣携手走过去，低着头窃窃私语，墙角的石板缝里很顽强地钻出两棵青草、一朵小黄花，一转身就被玩气球的小女孩抓在手里，脱离了水泥城市的冰冷，处处都是烟火气。也有不和谐的音符，比如突然蹿出来的一只大狗；挥舞着塑料宝剑互相追杀的男孩子；迎面走来的一个魁梧阴森的男人……这是隐藏在小城中心的一个城中村，据说是价钱太高，看上的开发商不少，却很少有人问津。于是，这里便成了外来人口的聚集地，每一个院子里都住着天南海北的人，比起市区的楼房来这里要便宜许多，自然，我也是因此才住进这里的。

悠长的小巷子，好像没有尽头，到处都是岔路，沿着岔路走进去，依然是差不多的小巷子。那天，直到眼前斜斜出现一个小小的广告牌，我才知道走错路了。索性就走下去，反正绕来绕去总会绕回去，搬过来一个礼拜，我已经走错了三次。

广告牌竖在台阶上，瘦瘦的有五个绿色荧光字：“稻草人书屋。”后面，是一间小小的屋子。搬过来这么久，才第一次发现这里藏着一个书屋，不由一喜。

走进去，屋子还挺幽深，四面都是旧的胡桃木书架，一排排的书，很整齐，还没开灯，光线很朦胧，桌子后面坐着一个女孩，低头看书，一缕头发垂下来遮住脸，看不见长什么样子。我站了一下，说："嗨，这样的光线能看书吗？太暗了伤眼睛。"

女孩抬起头，大眼睛，深潭一样晃呀晃，雪白的肌肤。

她歉意一笑，伸手摁下墙上的开关，灯光一下子铺满了屋子，我沿着书架，一排排缓缓走过去，在一排旧书面前站定，那是一套孙温绘的全本《红楼梦》，我找了好久，像发现了财宝般急切地问："这套书多少钱？"

女孩抬起头，向我的方向望了两眼，又抱歉一笑："呦，还真有人想买这套书啊……这个，你选别的书行吗？"

"这书怎么了？"

"这书，我舍不得卖！"她说完，很羞涩地低下了头。

"你做生意这么不厚道啊，有人看上了就加价吗？"我气。

"不是不是。"她说："有些书是我自己的，我卧室摆不下，就放在架子上了，这些我不卖的，真舍不得卖。你可以看看那边。”她用手一指北面的两架书，我瞄了一眼，琼瑶、岑凯伦、魔幻、漫画……当我是小孩子呢。

“你怎么这样做生意？”我有些不满。

“对不起，你别生气，如果你喜欢，可以每天过来看。”

我看着她，雪白的脸，清澈的眼睛：“你这书店赚钱吗？”

“能维持我的生活就好了。”

我气鼓鼓地走掉，她说：“我送送你吧，真的，你可以每天来看。”说着，她转出桌子后面，身高却没有改变，居然是摇着轮椅。

我吃了一惊！她是残疾人，开着书店维持生活，有人买书，她却舍不得卖！这是个什么样的女孩？

二

我到底没有拗过自己的心，从此三天两头就去一次她的书屋翻看那本书，有时候还带着白纸去影印那些画儿。总是白看人家书，我也不空手，有时候带去一株绿植，有时候是单位新发的茶叶，还有一次，我们聚餐点的菜太多了，最后松鼠桂鱼大家都没有动，我就偷偷叫来服务员打包给她带过来。她从不拒绝我带来的东西,也很少说谢谢,脸上的笑容总是充满着歉意。有一次她打趣道:“你总带东西来贿赂我,是不是还惦记着那套书?”我说:“是不是惦记的时间长了就能卖给我?”

一个夏天很快就过去了,我们的关系依旧奇特,她是店主,我是顾客,我们之间却从没有形成过买卖关系,她卖的那些我看不上,我想买的她又舍不得卖;可是我们又不像朋友,很少交谈,最多也就是议论两句天气或者某本书。可是,我每天都想来这里,是她,或者是她拥有的那些书吸引着我。

我对她充满了好奇。

一天下班后,我捧了一把花去,是做活动剩下的,鲜艳明媚的花朵,放在她的小桌上,应该会很漂亮。

她不在,桌子后面是一个和她年龄相仿的女孩儿,说是她妹妹,她去做针灸了,妹妹来替一天。妹妹比她话多,说姐姐谈起过我,接着就问这问那,在哪里工作,有没有男朋友,收入高不高,跟她姐姐什么时候认识的,等等。我一边帮她将花插好,一边闲聊起来,当然都是聊她的事情。我问她的腿是怎么弄的,平常谁照顾她?

妹妹说:“别提了,3 年前,她本来要结婚的,男朋友对她非常好。那天他们去买结婚用品，来了一辆疯狂的卡车，她把男朋友推开了，自己就这样了。”

那后来呢？

“后来，那男的也说要对我姐一辈子负责，然后他的家人不同意他娶一个残疾人做老婆，要死要活的，就给了我姐一笔钱，我姐用这钱回家开了这间小书屋。”

岂有此理！我义愤填膺，怎么会有这样狼心狗肺的男人！

妹妹说：“谁说不是呢，后来那男的结婚的时候，我们都怂恿我姐去闹，可她偏不去。还要他们的钱，干吗让他们心安理得呀？我们家又不缺钱！”

那天我被她的故事震撼了，几乎是深一脚浅一脚走回出租屋去的。

三

没有人知道，此时的我，正在疯狂痴迷于写作，几乎每个礼拜都要向报社投稿。找素材，读书，写作，是我全部的业余生活，我几乎是迫不及待地将这件事写成了一篇散文，投稿，没几日就发表在了市里晚报的副刊。

我惊喜交加，匆匆拿了报纸去找她。她接过来，看了一遍，一笑，没有预想中的谢谢和对我文笔的赞扬，可我潜意识里是多么希望得到她的认可啊！她只说："又是我那多嘴的妹妹说的呗，都过去多久了，她还是见人就说。我不想让别人知道，过去的就永远过去了，你说是吧？"

可是，那已经由不得我了，那之后再去她书屋的时候，往往会被挤得水泄不通。

这个小城的媒体，平日连一个盗窃案也要连篇累牍地报道一个礼拜，可见新闻多么匮乏。我们的生活太无聊也太平淡，急需不同的音符激起心的波澜，而，她，也就是我那篇真实记录的散文恰好出现了。报社记者，电视台记者，都涌来采访她，制作节目，一遍遍采访，打算将她的故事深挖，上升到一个又一个高度。她不胜其烦，书屋关了好久都没有开。

电视台和电台的力量很大，更多的人知道这个隐藏在城中村小巷深处的小书屋，不多久，她四壁的书都被买得差不多了，她说，那些舍不得卖的书只好都下了架，让妹妹搬回家去了。说到这些的时候，她有浅淡的幽怨，低垂着眼睛道："以后，你也不要来了。"

我没想到会这样，我只是抓住一个故事，想把它写出来发表而已。

就算她不怪我，小书屋属于我们俩的静谧时光也已经不复存在了，络绎不绝的年轻男女来买书，也是来看她，他们唏嘘这样的爱情，也期待远离这样的爱情，用她悲惨的现状给身边人一个警醒——他们认为的悲惨现状！我很难插进人群当中，在安静的时光中影印《红楼梦》，和她悄声谈论今年流行橘红色的裙子。他们总是将我挤开，我根本就看不见人群后面她低头看书的身影，更多的时候她都是坐在那里收钱的。

那天，我等了很久，外面一片漆黑，人们才慢慢散去。书架空落落的。她说："把这些都卖完，我就不进货了。"

"只要你高兴就好。"一个男声说。我这才注意到，店里除了我之外还有一个男人，高、瘦，厚嘴唇，白衬衣。

她默默收拾着桌子上的零钱，码好，拉开抽屉放进去。我不知道要说什么，站在那里，忽然间很伤感，如果知道写那篇文章的结果是失去她的信任和友好，我肯定不会写，就算写了也不会投到报社去。

我说："对不起，我也没想到。"

她说："没关系，我们都是向前走的，谁也不知道会发生什么，谁也不知道哪一步是对、哪一步是错。只不过,以后不能吃你带来的好吃的了,还有那些花草,你都是从哪里弄来的?”

我说:“我们单位经常搞活动,有很多,如果你喜欢,我以后也可以带给你。我是说,书店开得好好的,为什么不开了?”

她望了望瘦高男人一眼,他默默地走过去,将她推出来,轮椅泛着白光。

他是谁?我用眼睛询问着。

男人自己说话了:“多亏你写的那篇报道啊,不然我怎么能认识她,有机会照顾她。”又对着她说:“我总有办法让你相信我是真心的。”

四

我最后一次去小书屋的时候,那块牌子已经不见了,转了店的是个胖胖的大婶,她说打算在这里开个早点部,肯定会赚钱,这里租房子的年轻人多,都没时间吃早饭。大婶嗓门很大,弯着腰收拾,用抹布一寸寸地将地板擦干净。忽然又想起什么,起身将一个盒子交给我,说是原来书屋那女孩给的,让我交给来找她的一个女孩儿。

我打开,是那套心仪的《红楼梦》,我急忙翻遍了书的角角落落,以为她会留下一个联系方式,却是一片空白,她将心爱的书送给我了,却斩断了跟我的交往。想来,她对我的感情是复杂的吧,我的突然闯入打乱了她的平静和淡然,可是,又给她带来了另外一份爱情，不知道她到底接受了那男人没有？这世上的事,总是说不清楚的。

女人的友情，其实比爱情还牢靠

去年夏天，遭遇人生的低谷，生活中的问题接踵而来：新书由于种种原因解约；新买的房子贷款迟迟办不下来，因此拿不到钥匙，无法装修入住；家人受伤住院，只有我一个人照顾……签了新书要写字，还要接送孩子上学放学并给她准备一日三餐。一个人，晚上，坐在医院走廊上租来的小床上敲字。白天，在开发商办公室据理力争，或者是在医院奔走。

每一件事都没有解决办法，绕成了一团乱麻。甚至,整个人都像被冰冷的现实冻住了。我想我需要向朋友倾诉一下,急切地,想向谁展示疼痛、收获抚慰。

无聊地翻着手机里的通讯录。拨通了一个同城同学的电话,我们经常聚会,说一些很热烈的话题,度过一下午或一晚上的时间,分手的时候通常会热络:常联系啊,要常聚,我会想你的,有事找我……诸如此类。我想,我们这么好的关系,打个电话,倾诉一番,应该是可以的,不过分吧。

电话拨通,她依旧热情,我先说了房子……她于是叹了口气接话说:“我新买的房子还好,很顺利的,因为我是全款。”立刻就索然无味,应付几句挂断了。我怎么忘了,有时候,你的疼,在别人那里唯一的作用就是展示优越。你迟迟办不下来贷款,人家却全款买了第二套,这是想疏散一下郁闷还是添堵呢?

然后翻到了她的号码,她是我的朋友,是发小。

因为嫁人,两个城市间隔了一百里,不远,也不近,对于一心扑在家事孩子身上的女人,这样的距离足够阻隔友谊,最起码,阻隔那种每天在一起八卦、喝茶、或者逛街那种曾经亲密无间的相处。于是，渐渐不再见面。

想不起有多久没有联系了，三年，还是五年？

电话拨过去，她接通，突然有些难过，又怕她没有存我的号码，或者，忘记了我的声音。沉闷地说了一声："嗨，是我。"

她没有沉默，也没有猜测我是谁，还是那样语速很快，声音清脆，先笑，很快笑声又落下去，她叫着我的名字说："唉，我这几年过得真的不怎么好？你怎么样？"

这一句话，让我像雨夜里终于寻到一把伞的人，突然就哽咽了，为我自己的困局，也为她的依然坦率无间。真正的朋友，展现给对方的是全部，而不是努力描绘出来的五彩斑斓，向对方展示自己的优越美好。

我们聊了很久，彼此倾诉了生活的不如意，她是因为身体，还有和老公两地分居。

至少我还有她，有一份坚不可摧的友情。挂断电话，就是这个感觉。

依然很少见面，但是通话频繁起来我们都意识到，从前那种因为地域距离而产生的无法交往的想法有多么幼稚。

那次通话不久，她打电话给我，说她已经给我打来一笔钱，要我查收一下，先应应急。我才惊觉，在诉苦的过程中，我哭穷过……我说好，马上查。没有谢谢，没有客套，多年不续的情义无缝衔接着。

事情过去之后，我去看她，一进门就躺在她的沙发上聊天，这么多年没有见面没有联系，却丝毫没有隔阂感。

曾经，我们是最好的朋友，睡一张床，吃一大碗面条，漂泊在异乡的城市，只要在一起，就仿佛有了依靠，可以互相取暖。现在，我们依然是最好的朋友，倾诉，八卦，做彼此的垃圾桶或者情感顾问，我说我的烦恼，她吐槽老公的毛病。网络或者手机，或者干脆放下一天的工作去对方的城市，不拘哪一种形式，最重要的是那种信任和温暖依然存在。

安妮宝贝说："女人间的友情，包含着某种信仰，深不可测，在彼此的灵魂里寻找一条通往世界的路。"

友情是心灵的一道屏障，她在那里，就好。不像爱情，要近距离地抚慰。友情的延续同距离无关。

如果有一个朋友，愿意将生活里的所有不堪展示给你，那么千万里也不是距离。而相反，当你抱怨生活的时候，对方说："哦，还好，我这方面还好的。"这才是真正的距离。

大女人心态，小女人生活

在这个机会均等、全凭能力、越发接近男女平等的社会里，女人终于摆脱了靠男人靠婆家生活的局面，各个领域都有女性佼佼者，她们智商高，收入高，活得风生水起，大女人这个词儿也横空出现。

于是，一些人就开始意淫这些事业成功的大女人会有怎样糟糕的情感生活。

我之前在一家很大的服饰公司做企划，就遇到了这样一个女上司。她是公司里公认的大女人，地区总代理，仗义，果断，风风火火，职场女强人，情商高智商也高，男人女人都愿意和她做朋友。跟她交往，舒服、省心，只要做她的“下属”就行了。出游，她会制订详细的计划，只要跟着她走就好了；吃饭，她总能找到性价比最高的餐馆。而享受这些的前提是，你得听她的话，不同意见往往会被她的唇枪舌剑反驳得走投无路。

于是，大家送了她一个外号“大女人”，她也欣然接受了。大女人，当她每天准时穿着精致的职业套装，拎着名牌手包出现，当她在谈判桌上寸步不让，当她将下属训得找不着北，当她出手阔绰，订下春节全家欧洲游……的确，是一枚如假包换的大女人。然而，社会对这样的大女人形象的总体印象是：刚强有余，能力超群，却温柔不足，失掉了女儿柔情。所以，大家都喜欢猜测她的婚姻肯定是不幸福的，哪个男人愿意屈居于这样的婚姻中呢？尤其是遭遇她批评的下属们，更喜欢在背后乱说，说她肯定家庭不幸福，所以才这么大脾气，也许是更年期提前了呢。

找个机会，一帮下属去她家聚会，不是因为真的想聚会，而主要是源于好奇。男男女女一大群，一路上就在好奇她家是谁做饭，觉得一定是她那个普普通通的公务员老公吧，经济基础决定了家庭地位不是吗？这是大家一干阴暗的想法——她都在事业上这么成功了，在婚姻生活中应该是不幸福的才对！

而让人意外的是，大家没有看到厨房里一个家庭妇男忙碌的身影，也没有看到一个女强人系着围裙操劳的场景。

当同事们进门的时候，她在插花，修修剪剪，一桌子的零落花瓣和花枝，最后出现在水晶瓶里的鲜花果然姿态天真、鲜艳欲滴。见到我们时，她回头一笑，满满都是调皮："老公每周末都会送花，我就想插得好看一些，每周都会摆弄。后来专门看了一些插花的书，还有视频什么的，慢慢地就学会插花了。你们看，我的手艺还算好吧？"她老公一边在旁边摆水果，一边说："还不是你喜欢浪漫，再说了，家里总有鲜花，我也喜欢嘛。"

大家七嘴八舌地说好看，太漂亮了！不是恭维，她插的花确实很好看，鲜艳的花朵，满室的清香，温和的夫妻，明亮的房子。谁不羡慕呢？

明明是家庭聚餐，请同事吃饭，夫妻俩都这么悠闲，大家吃什么呢？原来厨房里忙碌的，是一位私人厨师。她说："是我请来的，每次请客基本上都请厨师，我做呢，不好吃；老公做呢，要准备那么多饭菜，好辛苦，舍不得。”

席间，男人们喝酒，她老公喝到第二杯时，她伸过手去抢过杯子，用手一捂：“我不要你喝了，下午陪我逛街，好不好嘛。”

她老公只好放下酒杯，对众人说：“不好意思啊，她就是这样，不是摆弄花草，就是要我陪着逛街买花花草草。”

她说：“上班那么久，只有两天你能陪我，我很珍惜周末的，花草不是目的，目的是有你。”

肉麻死了，矫情死了，娇俏死了。说好的河东狮吼霸道总裁呢！

后来在私下里，有人既羡慕又揶揄她的大女人作风哪儿去了。她说：“大女人并不是相对于男人来的，大女人，是和女人比较出来的。”而她和老公之间并不存在大女人大男人的区分，只有爱情、依赖和陪伴。家庭不是职场，只要相爱就够了。

真正的智慧，是超越了社会规则和约定俗成的，拥有大女人的能力，用小女人的心态生活。

如果说大女人是时代的需要，是女性精神和经济双重独立的基础，那么小女人便是融合夫妻感情与丰富生活的调和剂；大女人是铁，硬硬地挑战着世界，从不退缩从不胆怯，而小女人却是花朵，装点婚姻美化情感；有的人做了大女人，风风火火，将婚姻和男人作为附属，有的人做了小女人，撒娇扮美柔若无骨等待一个男人一个婚姻来支撑。但是，很少有人像她这样，在大女人和小女人之间无缝衔接，不断跳跃，成就着美满和幸福。

有了宝宝,
你还好意思说自己没有几个朋友吗

母亲到我家来小住,只几天时间就非闹着要回老家。我不明白,这好吃好住为什么非要一个人回乡下,莫不是我们有哪里做得不好,惹她生了气?问来问去,母亲说了实话,这城市里太闷,那天她好心想跟对门邻居拉拉家常,结果人家根本就不搭茬,她想念乡下的婶子大妈们,每天在一起有说不完的话,一点也不闷。

城市人习惯了独处,在车上就算挨在一起也不会调整表情露出个微笑，更别提搭话了。老妈这个要求，真是有点难，我想了半天，总不能挨个拉着那些叔叔阿姨的手，邀请他们跟老妈玩儿吧。

我不想让母亲回老家，找各种理由拖住她，就只能听她每天唠叨抱怨，翻来覆去就是这几句话：

“要说这城市里哪儿都好，就是人与人之间有点太冷漠了。就算是一个小区住着，天天见面，也很难说上一句话。说实话，真是太闷了，你们就不闷吗？有时候希望像在老家那样串个门啥的，可是又怕被人给轰出来。把每个人都当坏人，真是不正常……”

除了听，我也真没有什么话可以反驳，我们本来已经练出了独来独往的本事，根本就不愿意和邻居打交道。可是为了母亲，我开始想办法，也开始转变这种状态。

那天，风和日丽，我抱着两岁的宝宝出去晒太阳，见好几个年轻妈妈都带着宝宝在小花园里玩，宝宝们互相咿咿呀呀，但是妈妈们却只顾各自带着自家宝宝玩。我灵机一动，带着宝宝坐到了石桌边上，桌子的另一边也坐着一个年轻妈妈，她只顾逗怀里的宝宝，没有看到我。我就拿出新给宝宝买的小摇铃，在那个宝宝视线所及的地方晃呀晃，并鼓动怀里的宝宝冲他微笑。那个宝宝很快便被吸引，将眼睛锁定在我身上，年轻妈妈抬头看着。我不失时机，迎着她的目光说："你家宝宝好漂亮啊！"

年轻妈妈回报轻轻一笑，哪有妈妈不喜欢自己的宝宝被夸奖的呢。我见她没有走开的意思，就继续夸："你家宝宝真乖啊？呦，这件漂亮裙子在哪儿买的，我也买一条去。"

年轻妈妈大概是为了礼尚往来，也说："你家宝宝也好漂亮呀！"

我们就这样一来二去，从恭维彼此的宝宝开始，打开了话匣子。那天，我们聊宝宝，聊家庭，聊婆媳，聊奶粉……宝宝在一起玩，我们竟聊得非常开心。

后来，再在小花园遇上的时候，我们很自然地就聊了一会儿。宝宝们带了什么好玩的好吃的，也都在两个妈妈的授意下和对方分享，阳光，绿树，健康宝宝，其乐融融地交谈，多美好的生活啊！

后来我又用同样的方法和几个年轻的妈妈们聊上了。大家居然一改往日的矜持拘谨，都在宝宝晒太阳的时候聊得热火朝天，然后就聚在一起，嘻嘻哈哈的，成了好朋友，今天去你家玩，明天来我家参观。

我发现，在城市里，人与人之间的交往不是真心的冷漠，而是一种提防，不知道该如何张口。而“宝宝社交”还真是个好方法，宝宝给年轻的妈妈们提供了谈资。友谊发展下去就顺理成章了许多。

没有人不愿意敞开心扉，我们只是缺少有效的方法。都说城市里没有社交，有的都是冷漠，我的宝宝是一把钥匙，打开了我的社交之门。

抱怨把好运气都带走了，真的

一个单身多年的熟人，在情感婚姻上一直都阴错阳差形单影只，每次见到她，都要听她倾诉，诉说这世上的男人有多不靠谱，都是人渣，抱怨单身生活有多么不方便多么受歧视。我以为是她恨嫁，可是后来她找了男朋友后依旧在抱怨，说男朋友不体贴，没有钱，粗俗，我以为这样的男朋友她马上要分手，结果却结婚了。结婚后，依然在不停地抱怨，说老公怎么怎么样。我终于明白，她所有的状态都是在抱怨,就果断将她拉黑,删除出了朋友圈。

之前听过一个故事:

有一个僧院戒规森严,其中有一条:静修的僧人都不得说片言只语,每修行十年,才可以向住持说出三个字,心中想什么就说什么。以期早日顿悟,修成正果。

这年,有两个僧侣立志到这个僧院修行,做得道高僧,造福于人。

按照规定,第一个十年后,两个僧侣被允许向住持说三个字。两个人分别被带到住持的屋子,第一个僧侣说:"看到佛。"住持点头。

第二个僧侣犹豫了一下说:"床太硬……"住持说:"知道了!"然后送他们去继续修行。

第二个十年,第一个僧侣气定神闲地说:"听到佛。"住持再次点头,轮到第二个僧侣,他皱着眉头说:"饭难吃……"住持说:"知道了。"便开始打坐。

酷暑寒霜,第三个十年很快又过去了,第一个僧侣说:"佛在心!"住持点头微笑。第二个僧侣该说话了,他愤愤地说:"我要走!"住持摆了摆手,叹气道:"这是必然的结果啊!"

第一个僧侣暮年时成了得道高僧,开始开坛布道,听者无数,受益者无数,很快就远近闻名。

而第二个僧侣愤愤离开，重回尘世，三十年的时光白白流逝，一切都要重新开始。

同是三十年的修行，同是一个环境，有的人用的是一颗参禅的心，眼前、耳边、心思全是佛，有取舍地感悟生命，终于得到心灵的顿悟，精神升华，修成正果，三十年的时光换来了心灵的宁静和成功；而有的人却用一颗抱怨的心，忘记自己最初的目的，只感受到床的硬、饭菜的难吃，结果不但与最初制订的成功目标背道而驰，而且还白白浪费了光阴。

抱怨是生命中的沙尘，会让我们看不清天空，错过许多美好的瞬间甚至与成功失之交臂。

总听见各种抱怨，我不就是不如他们吗？为啥总是欺负我；我不幸运，我总是倒霉；所有的机会都不属于我；我是世界的弃儿……

遇到这样的抱怨就站起来抽对方两耳光吧——都什么时代了，还指望老祖宗留下的那一点点弱者无限大的糟粕来支撑精神思想！

可能是几千年受儒家思想、中庸之道的渗透和同化，对枪打出头鸟这样的道理我们深信不疑，并且努力实践，认为太出头了必惹人注意，遭人抓到把柄，落得个枪打出头鸟的下场。

“枪打出头鸟”这句话流传了几千年，它告诉我们,无论做人做事都要随大流走,亦步亦趋,才能明哲保身。古老的格言,像一个久远的花冠,渐渐地,随着时代的发展,花瓣失了水分,样式也已经过时,剥落了繁华过尽时苍白的铅华,显出了鲜艳不再的窘态。

如今,所有的欺负都逃不过三个字:你无能!

影视合作容易欺负人,但是他们敢欺负六六吗?出版方容易欺负人,但是他们敢欺负韩寒吗?职场容易欺负人,但是他们敢欺负业绩最佳者吗?受欺负是因为级别低,而不是不幸运。

爱抱怨不幸运的人,就像不出头的鸟儿。

不出头的鸟儿分两种,一种是不愿出头!久已信奉成圭臬的中庸之道,似鬼魅般如影随形,渗透在生活的每一个角落,甚至是灵魂的深处。渐渐地,生成本能。甘愿躲在别人的阴影里乘凉,寻求庇护,任凭别人遮住自己头上的一片天空和风景,慢慢也就慵懒了脚步,在有限的空间里禁锢了思想,羽翅慢慢退化,甘愿放弃翱翔的本能,等猎人来了,想飞也没有能力了,自然会落后被枪打;另一种是没有能力出头!龙生九子,还各有不同,何况是人的遗传基因,生长环境,父母影响,受教育程度……都有很大的差异,存在差距也就可想而知了。有些人先天条件注定便是那落后的鸟儿,飞不高,也飞不快,自然成不了出头的鸟,这样的鸟,没有丝毫的爆发力和上进心,机会看着你就来气,不欺负你欺负谁?

优胜劣汰,虽然残酷但是公平,落后就要挨打,没什么可说的。

许多千里马埋怨没有伯乐的赏识,认为是世道不公,怨声载道。可是,如果不做一匹出头的千里马,有哪个伯乐会在马群里一眼望穿你呢?

这世上没有失败的花朵，怒放，就是成功

还记得2008年8月9日，北京航空航天大学举重馆，女子48公斤级抓举决赛正在进行。土耳其选手塔伊兰全神贯注，第一次试举，杠铃纹丝未动；接着举第二次，熟悉的杠铃好像跟她开了个玩笑，依然未动；第三次，依然试举失败。

功败垂成！

失败了，转身，离场，将辉煌让给下一个上场的人。可是塔伊兰在转身的一瞬间，又慢慢地转过身，

面带微笑，蹲下身来，轻轻地一吻，吻上刚刚压垮了她的、有些蠢笨的杠铃，仿若吻上小别的恋人，脸上有即将离别的感伤，但更多的是淡定平和，没有波澜，微笑如常，红色的杠铃红色的吻，全场被震惊了！全世界被震惊了！那一吻，宛如一朵缓缓的花开，噼啪一声，花香四溢！接着顿时爆发出经久的掌声，如潮。赞许、欢呼四起，这位雅典的举重冠军用一个吻，改变了失败者的颓然！

那一个轻轻的吻，让我们看到了英雄的平和，以及对名利的淡然！

那一个轻轻的吻，让我们看到了一个运动员对杠铃真正的热爱。人的事业也是有感情的，她为我们诠释了真正的体育精神，竞技、健身，而不是以胜败论英雄！

那轻轻的一吻让我们相信，努力了，就好，泪水不该是失败的句号！

赛场，瞬间输赢，飞上高空或落下凡尘，有胜也便有败，笑与泪纠缠，荣与失相依。

也许这就是竞技体育的魅力。

我们习惯了看到胜利者的笑容与失败者的泪水；我们习惯了将赛场上的得与失，划分出一条清晰的线，一边是英雄，一边是陌路。

我们见惯了手感不佳时的怒摔球拍，认为那是人之常情之举，或者是真性情的集中表现，可什么是真正的大将风度和王者风范？塔伊兰嘴唇上的香吻，让人怦然心动，继而感慨万千。参加奥运会，没人不想拿金牌，可是如何将功利之心摆放在最合适的位置，是最能体现一个人运动素质和心灵诉求的高度的啊！

塔伊兰，一吻定音，诉说着失败的从容，功利悄然隐退，圣洁悄悄升华。

我们相信春天，从来没有失败的花朵，所有的绽放、盛开都有独特的美丽！那么，赛场上也一样，努力了开放了，就好！

偶遇几年前的同事，岁月好像没在其脸上留下痕迹，依旧衣衫靓丽笑容灿烂，并且就职于一家大公司。想想几年前，她刚刚交了房子的首付，老公就有了外遇，离婚走了。她自己带着两岁的孩子，在远离家乡几千里的小城同时做三份工作，房贷与孩子的养育像一块石头般沉甸甸压在身上。长夜漫漫，该是无限凄凉吧。于是，大家投过去的目光便也含着诸多同情和唏嘘。

可让人没想到的是，她却在此时辞了职，卖了房，带着孩子去北京闯荡，一别便无音信。哪知道，这一次相见，她早已换了容颜。这样的人生绝不是靠碰运气碰来的。看看身边多少一般境况的女人，因了一场生活变故就风干了快乐和进取。犹如滚水烫过的白菜，清脆与水嫩全失，日子只能越过越差。

凄美，总是会让人想到女人，失爱或者落魄的女人。社会喧嚣，人心浮躁，到处都是诱惑陷阱，家散了，爱去了，皆是伤透女人心的利器。

其实，凄和美，应该是分开的。《红楼梦》的一抔净土掩风流，将凄美诠释得最为淋漓尽致。可那是小说，在现实中谁也难免遭遇凄之待遇。

人生不如意事十之八九，凄是必然，美却寥寥。吴广说："帝王将相，宁有种乎。"女人也需要这种向上的精神来充实完善，淡化那些逃不开的凄。

泰戈尔有句诗云："生如夏花之灿烂，死如秋叶之静美。"生与死皆为完美境界，何况，一点苦难，一点凄凉。

末代皇妃文绣，不满于婚姻生活，毅然和溥仪离了婚。此后，她做教师，嫁良人，虽然算不得养尊处优，但到底得了自由和爱情。

被誉为20世纪最后一个梦想的玛丽莲·梦露，人生并不圆满，一生离婚多次，三十几岁便神秘死亡。作为女人，她的凄是刻骨的。但是，她美的一面，更耐人寻味，这美不单单是容貌，更多的是她那种单纯明媚和灿烂感染了我们。所以，梦露的凄，升华出了美，她成了一个越不过去的神话。

李清照留下的诗词甚少，但是，几乎每首都是经典。她的后半生凄苦飘零，正是在这样无限哀婉凄楚的境况沉淀下，她写成了流传百世的作品。李清照的人生，由凄而美，成了一个永恒的传奇。

有多少女子凄而生怨，顺势滑下，如那个死守空房一辈子的朱安。

没有人会去选择凄，但，命运无常，繁华富丽，热闹开心，也许只是一时一景。女人的心，莫不脆弱清透，那些逆境总是不请自来，那么，如何凄而美，才是至高的人生境界。

凄并不可怕，可怕的是，凄而不求美。凄是一种生命历练，美是必需的生活态度。学会将凄变成美，是做女人的一门功课。

给咖啡加点糖

站在外面给老妈打电话，深秋风冷，一边说话一边发抖，我没有向别人倾诉的习惯，可是永杰这几天一直对我都很冷淡，我心里很难过，也很恐慌，我甚至没有听见老妈说什么，我只是需要倾诉。

妈妈说：“记住，天上永远不会掉馅饼，一切都要靠自己努力，不要怕吃苦，要永远坚强。无论遇到什么！”

这样的话，我已经听了 20 多年，从开始的懵懂无知，到最后的身体力行，一直都遵循着妈妈的教导——要想获得尊严，就要活得像一棵树。

爸爸在我两岁的时候就跟一个女人走了，妈妈一个人拉扯我长大，她从不怨天尤人，甚至拒绝了乡亲们的帮助，她一个人撑起了家，穿起粗布衣裤，种地，做小生意，闲暇时到镇上做工，下工就收拾房间，洗衣服做饭。我们两个人的家，一直以整洁漂亮的姿态存在着，妈妈不但供我读大学，还盖了房子。有一年，一个叔叔来帮忙劈柴，只是笑着说了一句："你看你，还是需要一个男人的嘛。"妈妈就变了脸色，闷声接过叔叔手里的斧子自己劈，一下下，铿锵有力。那个叔叔尴尬地站了一会儿，走了，再也没有来过。她可以做和男人一样的活儿，甚至比男人更能吃苦，自然，她也是这样教育我的。

室友打算同男朋友合租了，我明天必须搬走。

挂断电话，我用了整整半夜的时间整理东西，第二天请假找房子，然后找车搬家，司机只开车，不搬东西。租房的巷子很窄，车子进不去，犹豫着，到底没有给永杰打电话，自己一点点将全部家什都拖了进去……还不小心把手划破了，很疼，很想哭，但是忍住了。好容易搬完了，人却已经快累瘫了。

有人敲门，以为是房东，开门，却是永杰："你……你怎么来了？"欣喜、委屈，一齐涌上心头，但是我已经习惯了坚强，努力给他一个微笑。

永杰探头向屋子里看了一下：“我问了你室友。”又问：“你自己搬过来的？”

我点了点头，忽然有些羞涩。永杰站在光影里说：“真能干。”坐了一会儿，他说有事走了。

我忽然觉得好无助，我和永杰相识于微，在一起时很快乐，我们彼此相爱，我独立、自主，从不麻烦他，可是他为什么离得越来越远呢？

那一晚，我只打开了被子，什么都没收拾，饭也没吃就上了床，又睡不着，想想永杰的淡漠，满心都是疼，索性起来看书，突然一句话映入眼帘，是撒切尔夫人说的：“女人一生所犯的最大的错误，就是忘记自己是女人。”

醍醐灌顶，眼前闪过无数画面，逛街买了一大堆东西，我坚持提我自己的；爬山累了，跑去找一根树棍拄着，并对身边吊在男友臂弯里的女孩嗤之以鼻；我一个人拖着沉重的箱子搬家；我换桶装水，踩蟑螂……尽管我很吃力，很害怕。

我一直都在延续着妈妈的风格走自己的路，却忘记了妈妈从来未曾获得幸福，她活着唯一的意义就是向别人证明：我能行，我什么都行。可是这，有什么用呢？我要和她一样忘记自己是女人，然后做一棵坚硬的树吗?

我果断摸出手机，给永杰发短信:“害怕了,整层楼都没有住人。”

然后忐忑等待,手心冒汗,如果永杰不搭理我怎么办? 岂不是很丢脸。没想到才20分钟,永杰就赶过来了,望着他满是汗水的脸,我心头一热,扑了过去。好喜欢现在的永杰和现在的自己。

后来,我学会了做一个柔软的小女生。永杰说,我甜甜一笑,他就愿意赴汤蹈火。

我知道那不仅仅是玩笑，这个世界红花绿叶，参差不同,男女不同所以互相吸引,雌雄同体真的不可爱。

我也要告诉妈妈,咖啡很苦,但是加点糖,没有改变它的功能,味道却更美了。

Part 2

成长之痛

如果爱，请别失陪

最近一段时间，同事一直都闷闷不乐，逮谁跟谁倾诉烦恼，没几天单位里就都知道了。原来他年近 70 的老父亲突然不甘寂寞，开始拼命学起电脑来，老年人学点高科技是好事，可是他老爸学会聊 QQ 后竟然很荒唐地展开了一段网恋。营养品也不吃了，衣服也不买了，退休金都稳稳当当存着，打算去看网友的时候请人家吃饭送人家礼物不至于太寒酸。同事简直惊掉了下巴，先不说这网恋靠谱不靠谱，单说这个社会的复杂程度，也足够让人为一个单纯的理想主义的老人捏把汗了。

同事每天电话劝，周末也一改往日的繁忙亲自登门给老爸陈述利害，无奈老人家一条道走到黑，坚决要把这网恋走到底，说急了就打点行装扬言要离家出走，为此不惜与亲生儿子闹僵。

半夜，被隔壁乒乒乓乓的打架声吵醒，动静之大，不但四邻不安，都爬起来跑出去看热闹，就连警察都招来了。原来，邻居的老公是个公司一把手，三天两头出差，国内国外满世界地跑，所有的节假日结婚纪念日，不是在飞机上就是在酒店里，久而久之，家里妻子怨气冲天，被瑜伽教练钻了空子，妻子架不住教练的温暖攻势，出轨了。再后来，出轨被老公无意中发现，于是便打翻了天。警察都来了，老公还在喊："我为了这个家四处奔波辛辛苦苦，你倒好，居然跟别人好……"

慢慢回到卧室，想起了为父亲网恋而焦头烂额的同事。现代人看似光鲜的生活下面藏着不为人知的烦恼，出轨、抑郁症、畸形的黄昏恋、寂寞、孤独，没有安全感……时代虚浮，人心浮躁，一个忙字，一个生存，忽略了对父母的陪伴、对妻子的陪伴、对儿女的陪伴。失陪的人，需要情感的依靠，哪怕是虚假的情感依靠，也能暂时安定心灵。

每个人都被生存这座大山压着，无力分心。所以，这样的故事比比皆是，区别只是年龄段不同而已。据说，长期寄宿在学校里的孩子的心理问题已经有了新的突破，他们脆弱而忧郁；长期受到冷落的爱人自然也极容易受到诱惑，微信约炮如何容易，一夜情为何猖獗，仅仅是需要刺激这么简单吗？

有句话是这么说的，不要让自己的爱人总是感动于肥皂电视剧的狗血桥段，感动是因为缺少，当一个人的生活中缺失了什么，他就容易被什么感动，继而背离生活的主旋律。

那么多的问题，答案也简单，无非就是两个字：失陪。受到亲人冷落的人，心里早晚会生出荒芜，从而走上寻找温情的歧路，很危险。

陪爱人，陪父母，陪孩子，人生就是不断陪伴的过程，温暖和幸福都在这一个"陪"字里面。

如今，失陪已经成为都市生活的一景。因为妻子儿女而忽略对父母的陪伴；因为忙事业而忽略对爱人的陪伴；因为要给孩子赚来更好的物质保障而忽略对孩子的陪伴……在传统文化中，失陪是客气和礼貌，而今天的失陪文化却让无数心灵缺失了亲情和关爱，衍生出无数的空洞、冷漠和疏离，也衍生了无数的抱怨、出轨和心理缺失。

物质满足属于感官享受，陪伴却润泽心灵。什么样的物质生活能比得了这失陪而造成的伤害？

可是有人说了，精力有限，你不失陪，怎么和同学聚会联络感情聚拢人脉；你不失陪，怎么哄女朋友开心增进感情；你不失陪，怎么在这资讯爆棚时代游刃有余，家事国事天下事，最起码还是闲来吹牛的资本！房子车子票子妻子，哪一样都需要竞争拼抢，不失陪，便会失了这些！

其实，陪伴就像海绵里的水，挤挤总会有的。美国人从不缺失家庭温暖，却也照样活得风生水起。无所谓的聚会取消、周末带着孩子回到父母身边、早上早起一会儿，在晨光中送孩子到学校，午餐间隙给爱人打一个电话……哪怕细小，哪怕短暂，终究聊胜于无。

亲人爱人间的失陪，就像田里的草，一旦任它荒芜下去，总有一天会无法收拾，以至于失去一片土地。倒不如，每日勤恳耕耘，每天抽空陪一下该陪的人，将这小草拔掉。

要知道，人生是个单行线，每一程风景都无法复制，失去了，就永不再来。

所以，最重要的“三陪”一个都不能少——常陪父母知恩,常陪爱人知情,常陪孩子知福。最后你会发现,这个世界少了你不会有一丝一毫改变,可是家人多了你的陪伴却会焕发出阳光般的神采。

如果爱,请别失陪。陪父母,陪爱人,陪孩子,陪伴是根,幸福是叶,这样的爱才会开出娇艳的花朵,这样的幸福才没有遗憾。

那些孤单最后都变成了奢侈

这些年，一个人，会遇到这样那样的问题和困扰，会孤单，体会一个人走在天地间的孤独和无奈，会期望有个人能跟你并肩，却，明知道是奢望了。

人世间的事经历得多了，才突然感觉到，曾经那些孤单到最后都变得多么奢侈。奢侈到，只属于青春的清澈和单纯，注定，再也不会得到。

从小，我好像就是个孤单的孩子，八岁时候的搬家让我失去了所有熟悉的伙伴。爸爸妈妈不在家的时候，我就一个人坐在院子里看天，看树叶在枝头跳舞，害怕有人会突然出现在院子里，把我带去一个黑暗的地方；觉得屋子里会突然走出一个另一世界的人……许多年之后，才知道那叫孤单。后来，她就来陪我，她和我一样大，我们同岁，个子一般高，是邻居，她的家境好，总是穿漂亮裙子，也给我带我没见过的零食。我们跳皮筋，跳房子，或者躲在某个破旧的屋子里聊天，然后一起上学，在学校里一起和男生打架，一路走到了高中。

那时候大学还没有扩招，千万人过独木桥，分数线也都是统一的，所以，拼起来就更是天昏地暗，考分是个分水岭，一边是天一边是地，毫无余地。

好像每天睁开眼睛都是学习，我和她，一起骑着自行车上学，本来她是可以住在镇上她爸爸单位的，但她说要每天在路上跟我一起背单词。

我们在秋末的薄雾中行走，玉米叶子沙沙响，路边有粉嘟嘟的喇叭花，丝丝蔓蔓缠绕在玉米秆子上。为了能考上大学，她一路上都在背单词，不放过一丝一毫可以学习的时间。六里路，这样默默地在路上走，不说话，心里却很安定。我想我可能是个天生就缺乏安全感的人，喜欢寂静，却会在任何的寂静中体会到那种刻骨的、难以言说的孤单和害怕。

高三的后半年，我沉浸在浑浑噩噩的学习当

中，没有体会到家庭的变化，几乎是突然的，爸爸妈妈向我宣布，说他们离婚了，也许都会离开这个地方。我先跟妈妈在一起，高考估计不可能了，不过他们会给我找一份工作……

我并不是多么喜欢读书、参加高考，所以参加工作也无所谓。我只是害怕没有人陪着我，害怕一个人。

她劝我留下来参加高考，因为我的成绩比她还好，不考就太可惜了。我却已经开始憧憬工厂里的生活，自由，开心，不用每天扎在题海里，而且还能自己赚钱买美丽的裙子和项链，她像个大人那样叹了一口气。

我没想到工厂里的生活是这样的，一点儿趣味也没有，处处充满了烦琐，加班，勾心斗角，累，一层层剥夺着我的幻想和希望，十七岁的心里，坠满了沉重。我一个人去车间，一个人吃饭，一个人睡觉，很难融入到工友们既定的圈子里去。好像一枚脆弱的花瓣，飘在风里，无所依附，也不知道要飘到哪里去。

我在简陋的餐台上给她写信，泪水把信纸都打湿了，天地间是那么大，我唯一能讲话的人就她一个。

她给我回自己手绘的贺年卡，写了许多祝福,可是这一切都没有用。后来的某一天,我拖着疲惫的身体从车间走出来,发现她出现在我面前,眼睛笑得很弯,红色纱巾飘着。

我欢呼雀跃,问她怎么来了。

她很兴奋地说:“我在家里闹绝食来着,我爸妈没办法,就答应我出来跟你一起上班了。”远远的,我看到她的爸爸使劲瞪了我一眼。

接下来的一个星期,我们一起去车间,一起去餐厅吃饭,一起回宿舍,日子突然有了滋味,那么踏实和安定。我一直不相信她能放弃高考,跟我一起来到这个小小的工厂做工。她的家庭条件那么好,爸爸是单位的领导,学习也好。她说,你这个人胆小,我得陪你呀。

但那种自私的快乐只持续了一个星期,她哥哥来了,将她带回去继续复习参加高考。她的人生注定是和我不一样的，所谓的陪伴不过是一时而已,就是这一时,给了我一生的温暖。

那之后,听说她上大学了,留在北京了。

我一直都是一个人,参加自考,换工作,后来成年后又回到一个人的状态,宅在家里写一些字。既然孤单无处不在,索性就让它来得更彻底些。

见过她一次,妆容得体,开着很高档的车子,只是相对微笑,便转身了,没有寒暄,也没有叙旧。只有那个年纪,才会有那么清澈的心和友情吧,肯为了一个简单的陪伴,放弃那么多!

青春渐远了,那些从小到大的孤单,和她的陪伴,到现在都变成了奢侈。这尘世中,在这个貌似成熟的世界里,再也没有一个人,能够如此暖心、安心。

有一年，
我被一盏灯震撼

那年“五一”长假，背了行囊到远房的表姑家住，主要目的是游山玩水。

表姑家在大山深处，偏僻、落后，交通十分不便利。村子里零落着几十户人家，破旧的瓦屋上摇曳着枯黄的杂草，的确贫穷荒凉。但是，因为交通不便，来这里旅游观光的人很少，空气干净清冷。傍晚，漫天夕阳飞舞，姑姑做饭的时候，我沿着曲曲折折的羊肠小路，见牛羊悠闲阔步，袅袅炊烟挟裹着野菜的清香，好不惬意。

走得累了，天已擦黑，见面前一处茅草屋，屋顶黑乎乎的，在几根疏篱笆围起来的小院子里，瓜果蔬菜，郁郁葱葱。一开始，我并不确定这间屋子是住人的，以为是谁家在这空院子里种了菜，直到茅屋的屋顶上也袅袅升起炊烟来。

然后，很是突兀的，一个十来岁的女孩子推开黝黑的木门，走到院子里来拔小葱，见我站在门口，吓得呆了一呆，大概是很少见生人的缘故。拔完了葱，她一直都在扭头看我，我对着她笑了一下，她却一下子扭过头，奔回屋子里去了。然后好半天，屋子里没有一丝动静。

晚上就着月光在院子里吃饭。我说起刚刚看到的那个小女孩，好像家里就她一个人似的，表姑说："也跟一个人差不多，父亲说是出去打工，可三年了，连个信儿也没有，一个妈，又瘫了，八岁的女孩子，就支撑起了一个家，做饭，洗衣服，挖药材，伺弄庄稼……冬天的时候，大家接济什么，娘俩就吃什么，可怜着呢。"

电视里没少看这样煽情凄惨的故事，但是真的到了眼前，总让人心里酸酸的。

吃完了饭，想起那个女孩，身上穿着肥肥大大的男式衬衣,就收拾了几件旧衣服央了表姑带我去看看。

月色很清浅,村子里静得出奇,我怯怯地想,要是没有这些声音,还真是像个荒村呢。女孩子家黑着灯,两扇窗黑洞洞的。我不敢上前,表姑推开篱笆门,喊了一声:“翠翠。”就拉着我走进屋子。

月光在进门后黯淡了下来, 什么也看不清,只听见一个苍老的声音招呼,快坐。表姑说:“是我的侄女,听说你家的情况,过来看看。”

“为什么不开灯呢?”我对着黑暗问。

角落里悉悉索索一阵响,啪嗒一声,十五瓦电灯橘黄的光晕在屋子里氤氲开来,到处都是黑黝黝的,没有家具,只有一张破桌子,炕上凌乱着两床被子,一个憔悴的妇人拥被而坐,表情卑微而尴尬,连说着,你看看,也不知道是有客人,灯也没开。女孩子翠翠则睁大一双眼睛, 看看屋顶垂吊的灯泡,又看看我,脸上难掩兴奋的红晕。

如此贫穷艰难的生活, 我从来没有真正见识过,一时间不知道该说什么好,倒是表姑递上了我手里的衣服。妇人连说着谢谢,而翠翠则早拿过衣服比划起来。我尴尬地发现,那些衣服虽然都是半新的,可是,翠翠穿起来无疑会大很多。于是,决定第二天专门给翠翠买几件新衣服。

第二天饭毕,我是独自到翠翠家去的,拿着专门到镇上买的衣服和生活用品,还有文具,我想我也只能做这些了。

敲门,喊翠翠,寂静的屋子里一阵忙乱:“翠翠,快开灯,快,姐姐来了……”橘黄的灯光氤氲开来,翠翠吱呀一声打开了门。

那晚坐了一大会儿,她们一直都在感激,那个有病的女人还流了眼泪。回去走到半路才发现,刚才发短信将男友送的一个挂饰掉了, 急忙走了回去。

翠翠家又黑了。心里懊恼,怎么就不开灯呢。刚要敲门,隔了窗,听见翠翠妈的声音:“明天你到门口去望着,那个姐姐要是再来的话,提早打开灯,她怕是走不惯夜路。”

然后是翠翠细细的答应声,又说:“妈,电灯真亮啊,咱们过年能不能开一晚上?”

“要交电费的呀,我们哪里点得起电灯啊!”声音苍老又沙哑。

原来如此!我站在门外,泪水一层层在脸上爬。犹豫了好久,终于没有抬手敲门。

那天,我将回去的旅费之外的钱悄悄放到翠翠家窗前就走了，因为不知道该怎样报答她们用灯光款待的盛情！

那点钱，希望对她们能有所帮助，不，不是帮助，而是一种报答。

有些温暖，再也寻不见

一

十年前认识的她，那时我在城中村租房子，两间西厢房，外一间做厨房，里间拼了一张大床做卧室，和同事一起住，分摊房租。后来同事辞职走了，我急需寻找合租伙伴，朋友介绍了她来，她们是同学，刚刚毕业，在找工作，生活成本自然是越低越好，所以表示愿意合租。第一次见面时，她已经拖了个行李来，一个不大的背包，黑而胖，说话声音很大，喜欢很大声地笑，和我这种纤弱的“豆芽菜”完全相反。

我有些嘀咕，还没有答应就来了，而且一般热情过度自来熟的人都虚伪，怕是相处不会愉快。

但是她已经将大床的另一半收拾干净，铺上了自己的被褥，又飞快地将房间打扫了一遍，连厨房都收拾了。我想，好吧，看在你会做饭的份儿上接受你了。

于是美滋滋追在后面问：“你会做饭？”

她直起腰来说：“住过来以后我天天给你做饭吃。”

那成，我负责买菜买米。

事实证明，她确实是想给我们做饭的，但是做不做得成就难说了。第一顿饭，我吃一口就吐了，味精放多了，却没有放盐。她坐在旁边，一脸期待，脸上淌着汗水。西厢房的下午阳光普照，热得够呛，尤其是厨房，大玻璃一点阻挡都没有，能把人热出火来。突然于心不忍，说：“可以再接再厉。”她马上就明白了，十分抱歉的样子：“那我请你吃饭吧。”

门口有一家小吃店，我们就到那里吃一碗面，再奢侈一点就吃一斤水饺，在物质赤贫却青春丰盈的日子，每一天的太阳都是新的。做饭是不成功了，小吃店成了我们解决一日三餐的据点，店里所有的人都认识我们，有时候在干吃炒饼的时候，老板娘还会附送一碗鸡蛋汤，那几乎就是我们的节日。

我依旧做一份赚钱少又不喜欢的工作，她依旧很勤奋地找工作。我们一起策划未来，信心满满，我说我以后会辞职去写作，当大作家，她一脸崇拜，小眼睛里满是羡慕。她说："我只要能找到一个稳定的工作就行了。"谁也没想到现实会那么残酷，整整一个夏天过去了，她依然没有找到哪怕相对来说不怎么稳定的一份工作，我也没有为了自己的作家梦写过一个字。

看着她从每天兴致勃勃出门，到沮丧回来，这个画面在我眼前重复了整个夏天。后来，她很豪迈地对我说："大不了我不找工作了，开个饭店，天天免费管你饭。"

我忧郁又期待地等待她的饭店开张，忧郁是因为用人单位真是过分，她不过是黑了点，胖了点，人又热情又善良，专业知识也不差，却没有人肯给她一个机会；期待是因为我想她能尽快从无休止地找工作中解脱出来，当然，我也很想每天吃免费的美味的饭。

后来我问过她，既然不会做饭为什么还吹牛要给我做饭，她哈哈大笑："我是怕你不收留我，当时一见你就觉得很亲切，不想再去找房子了。"

二

秋初，我狠狠发挥了一把文艺女做派，开始跟一个盲人谈恋爱。他是盲人，不能出行，不能陪我逛街逛公园，最主要的是不能像普通男友那样负责接送。于是，我们每天的约会都在他的家里进行，我去找他，骑着自行车，从城东穿越到城西，热血澎湃，约会的内容在小小的院子里丰富多彩，谈诗，谈文学，谈所知所学的一切，猜谜语，聊八卦……往往会忘记时间。

我是个胆小的人，很忐忑，很害怕，在黑漆漆的夜色里，树影的浮动都会吓一激灵，前后没有行人的时候怕鬼，前后都有行人的时候怕人家是坏人。某一天，出门，发现树影下立着一个身影，转身要逃，黑影说话了："你这点胆子也学人家天天走夜路？"

居然是她，我心里一喜："你怎么在这里？大晚上的。"

她简单说了两个字："接你。"

我们一前一后骑车回城中村。车链子哗啦啦作响，夜空很静，月牙一程程跟在身后。此后，她就成了我整个恋爱季的保镖，无论我几点离开小院，她总会等在那棵大树下，有时候靠着，有时候坐在马路牙子上。

有一次我出来得晚了，见她坐在自行车后座上直打瞌睡，一下下点头。我在远处注视着她，眼眶湿了。

在回去的路上，我说："你不要来接我了。"

她问："为什么？不害怕了？还是……你不会是想跟他同居吧，你想好了没有啊？"

"想到哪儿去了，当然不是。我是说，你这样大晚上的跑这么远来接我，太辛苦了。"

她舒了一口气："过意不去就请我吃饭啊，我要吃虾仁饺子。"

我说："有时候觉得很奇怪，你怎么会跟我在一起的，又怎么会对我这么好？"

她沉默了一下："我也说不清，我就是愿意。可能是我在这里太孤单了吧，有时候觉得自己就是一片树叶，飘啊飘的不知道落到哪里，看见你，心里会踏实一点儿。"顿了顿，她又补充道："我说的是实话，第一次见你就是这感觉。我不漂亮，也没有什么优点，但我就是想闯一闯，潜意识里，总觉得是你收留了我。”

此时,我们并排骑着车,树叶无声飘落,时光沙沙作响,我们执意留在这个城市远离家人是为了寻梦,可是梦想那么遥远,眼前小小的甜蜜便被无限放大,我对那份虚浮的感情欲罢不能,爱情是我抓住的梦,我是她抓住的梦。我们寻找温暖,彼此依靠。

三

在落下第一场雪的时候,她终于对无休止地找工作和仅仅靠发一下传单打一下零工维持生活失去了信心。我跟她一起去发过传单,站在商场的门口,对每一个经过的人赔笑脸,将手里的广告册页塞进人们手中,一天站下来,腿都是木的。

一天晚上,她回来得很晚,一进门就站在卧室中央宣布:“我再也不要看人脸色找工作,我要开饭店了!”因为兴奋,她的眼睛里放着光,住在一起这么久,我第一次看到她的眼睛里流露出这样耀眼的光,很美。

那天晚上,她变成了一个话唠,一直絮絮叨叨关于她开饭店的设想——怎样装修,怎样设计菜谱,雇怎样的厨师。

原来，她下午照例拿着简历出去面试，在写字楼下面遇见一个转让的小饭店，店主有事急转，她进去看了一下，居然很喜欢，马上给父母打电话借钱，谈价钱，用一个下午就搞定了。

这也太效率了，我扔掉手里作为夜宵的方便面，跳了起来。

她说："以后不用吃这玩意儿了，等着我给你做好吃的吧。"

第二天是周末，不用上班，我去她的店里看门，她坐长途车回家拿钱，走的时候，她对我说："这是我借爸妈的，等我的饭店赚了钱，我马上就还他们。你作证，我绝不会啃老的。"

她走了，我独自坐在她的店里，笑容散下去了。其实我陪她聊一夜，不是为她高兴，而是因为我失恋了，就像一个人在风景里走着走着，突然掉进了深谷，那种无力感和无助感直入骨髓。可是，我不想告诉她，不想让自己的坏情绪影响到她的心情。

瞒了几天，到底还是被她知道了，那些日子我消瘦得很快，对吃饭已全无热情。她每日里对着我唉声叹气，饭店刚刚起步，只找了一个厨师，她自己当服务员兼收银，很忙，却一日三餐煮了粥给我送到出租屋，皮蛋瘦肉、小米绿豆、花生莲子，变换着花样。

一天晚上打烊后，她回来，保温餐盒里温着白米粥，我却执意要出去走走。她陪我，我想起了许多往事，也遗憾许多憧憬再也无法实现，眼泪噼里啪啦掉。她比我还小，面对这种事情，自然比我还懵懂，不知道该怎么劝我，就一直陪着我走。

不知道走了多久，腿麻了，身上冷透了，落了一身的雪花。回来后，出租屋院子外面的大门落了锁，我们不敢在夜里敲门，又走啊走，住到了一间小旅馆，一人十块钱，她付钱，我们住在同一张小床上。

她说："心里好点没？"

我说："好多了。"

"真的，好多了。"

那一夜的行走和小旅馆的温暖睡眠，还有她的无声陪伴，像一个里程碑，使我告别了狂乱迷茫的失恋。第二天，我早早起床，跟她来到店里，跟她一起打扫，端盘子洗碗。

四

饭店开了有半年，一直不赚什么钱，她又果断转让出去，在一家新开的商场里租下一个柜台，卖儿童服装。我也辞职换到了一家喜欢的单位，可以写写东西，离自己的梦想又近了一程。日子渐渐好起来，城中村也要拆了，搬走那天，我们一起出去喝了一次酒，互相承诺，无论将来做什么，在哪里，一定要保持联系。

生活好像向前迈了一步，各自忙碌，偶尔聚一次，可再也回不到曾经日夜相伴的好时光。人生刚刚打开一个角落，我们都无暇留恋。两年后，我结婚，她做我的证婚人，欢欢喜喜嫁了，家人都说我们能有这样的友谊并且持续下去，是一种福分。

只是，后来我的生活渐渐忙乱起来。一年后，随着丈夫离开了这个城市，见面很少了，那时候还没有手机，联系只能是断断续续的。

我有时候带孩子回来看望公婆，由于种种原因，总是一个人，大包小包坐公共汽车，进站的时候一手抱孩子一手提包，无比吃力，她知道后，便每次来接我。我提着包，她抱着女儿，小女儿在她怀里挣扎，扭来扭去，她用无比笨拙的姿势搂住她："小东西，再动干妈不给你买花衣服穿了。"

女儿一岁的时候，家里出了事，最直接的影响是没钱了，生活水平下降得很厉害，她每次接送我们，都会带着漂亮的小衣服小鞋子给女儿穿。我不说谢谢，因为知道无需说，世间的相遇有多么奇怪，一次偶然的合租竟收获了多年的情意，我们的关系经过了许多岁月的洗礼，既像姐妹，又像闺蜜。

再后来，她交往了个男朋友，是个发型师，一直嚷嚷着等我回去给我做头发。

我抽出一整天的时间，把孩子交给妈妈，把工作都火速做完，去她的新家做头发，她早就买好了一堆菜。她的男朋友老实敦厚，先进厨房做饭，做头发是手法轻柔利落。

晚上，她将男友撵去客厅睡。时隔多年，又一次睡在一张床上，嘀嘀咕咕说了许久，天蒙蒙亮了才睡去。

她说："人生是一场无可替代的单独旅行，总有人离开，也总有人到来，如果哪一天失去联系了，我们也要好好的。"

我不置可否，如今才知那竟是谶言。

如果知道那是我们最后一次相聚在一起，我一定不会早早离开，赶回家看女儿。

五

忘记她的手机打不通是哪一天的事情了，手机换号已经成为现代人的常态，我没有在意。觉得总会相见的，等忙完这一阵吧，结果就一直忙下来了，忙着应付生活里的琐碎，忙着关注女儿的成长，忙着工作、房子、双方老人、夫妻感情，一转眼，就是许多年。

这个夏天，突然疯狂地想找她，想知道她过得好不好。辗转联系上同学，她说："你不知道？她没有了。"

我说："什么没有了？"

"就是不在了。去世了，得了脑瘤，没了。"

我的脑袋嗡的一声，傻掉了，泪水滑了满脸。

我知道人生是一场无可替代的单独旅行，总有人离开，也总有人到来，但是我的手机里还存着你的号码，你就这样走了，那些刻在岁月深处的温暖，再也无处可寻！

卖假药的女孩子，却俘获了那么多真心

一

“十一”假期我着急往家里赶。爸妈住在远郊的旧小区里，两室一厅的小房子，门窗还是十几年前那种暗绿色的木质，与这个崭新喧嚷的世界有了几分格格不入的陈旧。这个古旧的小区，承载了我儿时的许多记忆，只是随着岁月的流逝，我长大了，要飞向更广阔的天空了，这些记忆就越来越远了。其实，这个小区里的许多年轻人跟我都是一样的想法,于是,旧的小区便住了一些上了年纪的老人,只有到了节假日,才会花枝招展地热闹一番,然后又是新一轮的空寂。想想,心里很不是滋味,因为忙,我已经好久没有回来了,中间寄了几次钱,也不知道老爸老妈会不会舍得出去花。

敲了半天门,没有人开,倒是住对门的刘姨匆匆上楼来,我亲热地叫一声刘姨,将礼品给她递了上去。

刘姨和我家住对门已经几十年,她和父母亲都是手套厂的职工,分到了一栋宿舍楼里面。小时候,我喜欢和她家的小虎哥玩, 她给我们做好吃的,逗我说等我长大了给她当儿媳妇。可是后来,她患了病,丈夫不想管她,执意离了婚,还强行把小虎带走了,剩下她一个人,病好后也一直憔悴着,再也不说要我当儿媳妇的话了。只是,她对我更好了,时常盯着我发愣,我大学上的是三本,要花许多钱,妈和爸都下岗了,刘姨拿出了两万块钱给我,连个借条都没打。妈说:"刘姨挺可怜的,又对你好,你以后孝敬我们的时候,就捎带着对她好点儿。"所以,我工作之后给爸妈买礼物,一定会有刘姨这一份,每次回家来也会陪她吃两次饭,打打麻将。

半年多不见,刘姨的脸圆润了些,眼睛里也泛着光彩，只是头发白得不少了。她笑眯眯地问我："月啊,半年多没回家了吧？"我说:"是啊,'五一'去爬黄山看日出，平常日子里忙工作，已经是团团转。"

刘姨说:"年轻人忙点好,你爸妈在看演出呢,我带你去。"

出了小区左拐,就是一片很大的空地,装了几个简陋的健身器,还有两条石凳三棵树,一群老人已经围在那里。空地中央站着个二十几岁的年轻女孩,穿着过时的红色羽绒服,牛仔裤,辫子很长,大大的眼睛。她站在那里喊着:"大爷大妈,我给你们唱一首《洪湖水浪打浪》,好不好？"一大群老头老太太使劲鼓掌,一边大声喊着:"好。"一个个兴奋得脸都是红色的。

我一眼就发现了妈妈,正可劲鼓着掌。然后女孩并不悠扬的歌声就响起来了,调子跑了十万八千里。我过去拉一拉妈的衣袖:"妈，我给你们买的家庭影院不能看吗,干吗来听这个？"

妈惊喜了一下子，说:"你回来了咋不提前说，我和你爸去接你。"

正说着话,女孩子的演唱结束了。她从身后拿出一个大包,打开,露出了一盒盒保健药品。老人们都乐呵呵地递上手里的钱,一盒两盒三盒地买。刘姨不仅自己买了两盒,还帮着女孩收钱,递药,并跟人家说:“你吃了这保健药真是结实多了。”

我拿过爸妈手上的药盒一看，明显就是假的，连省级批号都没有,而且包装也粗糙。

女孩子还在那里热情地推荐她的药,脸上都是谄媚的笑容。我想起了小时候的耍猴人,表演一番后就开始拿着托盘四处敛钱了。

遂使劲拉了妈妈一把:“快跟我回家去,她是骗子!”老妈一边不住地回头,一边很不情愿地和我回家了。

二

下午,带爸妈去买衣服,看他们穿的保暖内衣都旧了,就每人买了一套新的,老爸老妈明显心不在焉的样子,还嘀咕着肯定唱完了什么的,深深打击了我。记得以前难得回来一趟,他们总会围着我问长问短,我无论给他们买什么他们都开心得不得了,怎么现在变了呢?

回来的时候,已经是晚上七点了。又碰见了上午唱歌的女孩子,她换了一件毛衣,手里提着一袋垃圾。看到爸妈,热情地打招呼,然后一闪身,进了刘姨家。

这是怎么回事？骗子都上门了！

想到刘姨那么大岁数，难免会听信人家的谗言。

于是，我晚饭后，敲响了刘姨家的门。开门的，果然是那个女孩子。她说："姨，是对面的姐姐来了。"刘姨从沙发上探起身子，招呼我，然后喊她："小崔，给月倒杯茶。"叫小崔的女孩清脆地答应了一声，便赶紧去倒茶。我故意问："刘姨，这是你家保姆啊？"

以为女孩子会恼，没想到她乐呵呵地回答："你就当我是保姆好了，不过，我倒愿意给刘姨当闺女，是不是刘姨？"

刘姨忙不迭答："就是就是，小崔比亲闺女都亲。"她们亲亲热热，居然真的像一对母女，小崔一会儿给刘姨拿来一个柔软的靠垫说别坐久了后背疼，一会儿又换一杯热茶，说是怕胃寒，照顾得无微不至，让刘姨乐呵呵的。

我找不到机会跟刘姨说话，只好离开，小崔跟上来送，我一看机会来了，义正词严地说："你知不知道，我老公是警察，如果你再不知悔改，在这里继续骗刘姨和这些老人的钱，我就报警！"

她低下了头，不敢看我的眼睛。

我继续严厉道："我可是在社会上混的人，对你这种利用感情攻势的骗子伎俩有很强的免疫力，你最好收敛点，不要再骗钱了，不然我一定会报警。"

她轻声说："求求你了姐姐，不要报警，我再也不敢了。"

我达到了震慑的目的，满意地回家睡觉去了。

第二天起得晚了，爸妈已经出去，屋子里显得空荡荡的。早餐在锅里热着，我匆匆吃完，穿了大衣下楼来，打算把昨天妈死活不让买的微波炉买回来，这样他们热饭就能更方便一些。小区左侧传来阵阵笑声，走过去一看，又是小崔，一帮老头老太太已经围在那里，都穿得圆乎乎的，像一只只可爱的企鹅。

小崔正在给一个老大爷理发，看得出来手法笨拙，长一处短一处，不好看也不整齐，却因为会说笑话，逗得大家哈哈笑，所有人都很开心的样子。

我大步走过去，一把将小崔拉过来，噼里啪啦一顿数落："你又来骗人，胆子也太大了吧。就你这手艺，收人家多少钱？你忘记昨天答应我什么了，还不收敛！"

小崔睁着一双惊恐的眼睛，小声求情："姐姐，绕了我吧,我再也不敢了还不行吗?"

我说:"不行,老人攒点钱容易吗,你也真好意思骗他们!"

没想到老人们一点也不领情,纷纷指责我不讲道理,吓唬人。刘姨一边拉我衣袖,一边说:"小崔给我们理发收拾屋子做家务都不要钱的。"

大家附和道:"就是就是。"看着小崔楚楚可怜的样子,好像无事生非的那个人是我,这些老头老太太真是糊涂了,每天就甘愿这样被人骗。

三

我拿出家里那一堆保健药,苦口婆心坐下来给老爸老妈讲道理, 我说这些药什么批号都没有,明显都是假的,你们怎么能一直都上当呢?老爸老妈顾左右而言他,不理我这个茬儿。我发现说不通父母,特地去找刘姨,并且刘姨跟小崔走得明显比别人近一些。也许,刘姨是个突破口,只要刘姨将小崔赶出去,她没处住,就没办法再骗钱了。

屋子里很干净,茶几上放着洗好的苹果,还有热茶,窗明几净,阳光洒下来,温暖又平静,充满了幸福的味道。刘姨怀里抱着一个电暖宝,笑呵呵地招呼我吃东西。

我说："刘姨，我是特地来找你的，你一个人要小心了，小崔那个丫头明显是个骗子，她卖的那些药都是假的，你不要再收留她了，免得让她骗更多的人……"

刘姨笑说："知道小崔是骗子，她那些保健药都是假的。"还用手给我指，说："你看看床底下，我都没吃。我们所有人都知道她卖的药是假的，我们人虽然老了，可是都是久经人生历练的人啊，怎么会这么容易被人骗？"

这下轮到我惊讶了。她居然知道小崔是个骗子，却还心甘情愿地被她骗——床底下，堆了一堆的各种保健品。

我觉得不可思议，事情完全超出了我的想象。刘姨说："你不知道，她为了骗那一点钱，每天都会使劲逗我笑，给我做好吃的，像闺女一样伺候我。像我这样无亲无故的老人，每天面对空荡荡的屋子，多可怕……能花一点钱被人这么骗，也是一种福气。"

她还说，自己找到了小虎，可是小虎根本就不认这个妈，说恨她小时候不要他。自己的日子，从此生活在了无边的忧伤当中，整个世界都暗淡无光的时候，小崔来了。

那天晚上，我迷迷糊糊回了家，非要和妈妈挤着睡。和她谈刘姨的事情，还有小崔，我担心小崔会将刘姨的钱全部都骗走。

妈告诉我，有一段时间刘姨的情绪非常低落，竟然买了安眠药想自杀，邻居们发现后都轮流守着她。后来，这个小崔出现在小区里，租房子推销她的保健药，遇到了刘姨，刘姨一个人住两室，正好可以租给小崔一室，这个小崔又勤快又嘴甜，不但包揽了刘姨的全部家务，还坚持给她按摩。刘姨在小崔的感染和照顾下，精神一点点好了起来，不但自己买了她许多药，还跑到小区里帮她推销，老邻居们都知道是怎么回事儿，但是，又都喜欢小崔！她每天都会把小区里的老人集合起来，唱歌啊，讲故事啊，理发啊，给这里的老人们带来了久违的欢乐和笑声。

在这个小区里，所有的住户几乎都是老人，空巢老人也很多，大家都很寂寞，小崔虽然是骗钱，却像个女儿一样照顾大家，久而久之，所有的老人都喜欢上了这个嘴甜的“骗子”，从她身上，享受到了久违的天伦之乐……

大家说好了，为了不让小崔离开，隔一段时间就有人要去买一次药，大家分工被“骗”……其实小崔也不容易,家里穷,上不起学,打工都没处去,迫不得已,只好来骗老人的钱,不过你看她多善良啊,平常家里的重活儿,诸如买米买面擦玻璃什么的都是小崔做……

对于一个老人来说,最重要的已经不是钱和真相,而是平静、幸福、有笑声的晚年。可是,唉……妈不说话了。

我愣住了,想起这一年里忙忙碌碌,春节又要陪老公和孩子出去度假,很少有机会回来。想想,这个小区里的老人们大多是空巢父母,孩子羽翼丰满后马上就离家飞走,奔向了花花世界。可怜天下父母心啊,如今,他们老了,孤独了,寂寞了,做不了力气活儿了,竟然心甘情愿求助于一个骗子!

我叫了一声妈,一时不知道该说什么好了。

原来,只有爱能在人与人之间传递,钱不行,家庭影院不行,再好的福利都不行。面对面的爱,哪怕掺杂了虚假的成分,也是热乎的,真实的。人老了,真的假的,已经没有那么分明的分界线,当孤独至深、寂寞至深,能被一个人认认真真地骗,也成了一种被需要的幸福!

你想要的幸福是什么样子的

天气有些阴，太阳还没有出来，李淼走进办公室，将大衣脱掉，飞快地换上了深蓝色的工装，头发一挽，戴上安全帽，这时，手机响了，罗美琪哭着说："你陪我喝酒，我的日子过不下去了，他说我不像个女人，要跟我离婚！"

李淼瞄了一眼工地，对罗美琪说："你到工地来找我吧，我要上班呢。"

不一会儿，罗美琪来了，眼睛红肿着，李淼看了她一眼，叹气，从抽屉里拿出纸巾递给她："今天你就别回家了，跟我走，先去工地转一圈，完事跟我回家去。”

罗美琪不情愿，但是也没有别的选择，她就李淼这么一个朋友，而且她需要向她倾诉。

李淼发给罗美琪一个安全帽：“走吧。”两个女人并排向工地里走去，李淼一边走一边批评着：“也不是我说你，好歹是个女人家，穿得像个男人，还理个男人头。”

罗美琪不服：“切，你还不是也一样。咱们是闺蜜，一样的男人婆，女汉子。”

李淼看了她一眼，没吱声。两人猫腰穿过凹凸不平的土路，爬上脚手架，工人们都在专心干活儿。这座大厦的外层主体已经建到了十层，罗美琪有些晕，李淼却如履平地、行走如飞。

李淼量完，哗啦一下收起尺子，面无表情，但是声音沉稳清晰有力：“误差5毫米，不合格，拆！”

工人们都傻了，一个个停下手里的大铲，起起落落的声音停下了，一个高个子工人说：“别拆吧，都这么多了。”

李淼好像没有听见，一边向前走，一边又重复了一句：“墙体有误差，拆。”一个小工赶紧跑去找工头，正在喝茶的工头小跑上来点头哈腰道：“李工，你看大家都忙了好几天，不容易，都是苦力，就别拆了吧。”又回头对呆愣的工人们吼道：“以后注意，再有误差就让你们拆！”

李淼说：“没有下次，误差超过 4 毫米，不符合工程质量，必须拆。”

一群大男人一动不动：“不过 1 毫米而已，至于吗？”

李淼站了一下：“你们不拆我拆。”说着，走向墙体，一下子搬下一块砖，一下子又搬下一块砖……

下了脚手架，罗美琪的腿都软了，她真怕那些汉子冲上来给她俩揍一顿。

好容易下班回了家，李淼走进办公室，换了一套裙子，头发散开，女人味立刻四散，她一边走一边问：“为什么吵架啊？”

罗美琪终于找到了倾诉的机会：“还不是那该死的，嫌我没有女人味……”

李淼微笑：“你不用说了，跟我回家，我给你言传身教，看看获得幸福的本事！”

切，吹牛，不过就是你遇到一个好男人罢了。

两人斗着嘴回家，李淼老公开门，李淼一见老公就娇嗲连声：“老公，今天累死我了，工程质量出了问题，误差 5 毫米，你说怎么办嘛，他们不愿意拆，哎呀我觉得我干不了了。”

老公赶紧奉上热茶，间或捏捏肩膀，不时对罗美琪报以歉意一笑，一边又给李淼分析该怎么办，然后又进厨房做饭去了，号称要慰劳一下辛苦的老婆。

李淼招呼罗美琪坐下，开空调，片刻又向卧室里喊儿子：“奇奇，快来帮帮妈妈，我又搞不定遥控器了。”

罗美琪看得一愣一愣的想：“有没有搞错，工地上安全、质量，各方面协调得井井有条的女汉子，搞不定遥控器？还有，她明明已经把涉及误差的那片墙都拆了，还叫老公帮忙想办法？”

奇奇放下作业，走出来，将遥控器摁了几下，叹了一口气：“妈妈，我都教您多少遍了。”

吃饭的时候，老公剥虾，不好意思地对罗美琪说：“她这个人就是这样，需要我们照顾。”奇奇说：“我和老爸就是妈妈的保护神，她自己什么都搞不定的。”

眼前柔软如花一样的李淼，怎么也无法跟工地上那个穿着工装裤、像男人一样拆砖头的李淼联系起来。李淼却突然找个机会对罗美琪吐着舌头：“明白什么没有？”

罗美琪愣了一下,突然恍然大悟,想要什么样的幸福,能得到什么样的幸福,决定了女人的生活质量。女汉子的心,软妹子的身,实在是个绝妙的组合。

两个女人无声微笑,做了一个干杯的动作。

我只是为了排解忧伤

前几天搬家收拾旧箱子,居然有一摞摞泛黄的书信,那些记忆太久远了,好像根本没在生命中存在过。

有多长时间了,忘记了世界上还有一种通信方法叫写信,还有一种爱情信物唤做情书。可是,哪个女孩子没有在习惯忧伤的年纪写过一封稚嫩的情书?

岁月老了,也像箱子里被尘封的信,渐渐泛了黄,失去了最初的模样。当一个人寂寞伤心,不想说话的时候,会想写一封信,只是,不知道能写给谁,能不能保证对方收到,以及能否认可这么古老的表意传情。

那些信，都是和一个远方的男孩儿来往时写的。十七岁,水葱一样的年纪,对月伤心,见花也盈泪,通过杂志上的交友信息认识了一个笔友,于是书信往来,飞鸿无数。

他在部队上当兵,二十岁,据说环境很艰苦,所以很孤独,想交往一个笔友。我那时才上高一,在学习之余,每天最大的乐趣就是写信、等信,所有的情怀都付诸于小小的信封里了。

我们通信的频率越来越高,互寄照片,是个清秀的男孩子,眸子里闪动着一丝不安分,他说他每天的生活,我也说我的,信越写越多,渐渐从诗词歌赋写到了人生哲学。学习生活是很枯燥的,每天两点一线,家到学校,家长老师都在逼迫我学习,考大学，好像这个世界上只有一个人是可以理解我、走进我内心的,他就是远方的笔友。在书信里,这个人完美得像王子。

我诉说我的苦闷,他在信里告诉我,要勇敢追求自己的理想。于是,我想了想,就真的追求自己的理想去了,背了一个背包离开学校,去找他。最美好的人生,就是和心爱的人在一起看夕阳。在秋天的田野上,野草葳蕤,野苹果树上结满了果子,我坐在火车上,欣赏着窗外的原野,心里好像盛满了蜜。

他当兵的地方可真远啊, 一直走到第五天,还是没有到达那个信封上标注的地方,可是我身上的钱却已经花光了。十七岁,已经懂得首先要保护自己,于是去找警察问路,结果,被一个细心的女警察留下了,详细问了我的家庭住址以及出门原因。当她得知了我的计划之后,大吃一惊,强行把我留在了那个小城,并通知了我的父母。就这样,我走了五天,我父母来接我用了五天,我们一起回去的时候又用了五天,人生中最荒唐的十五天之后,我回到了学校。

一下子收到了他连续的几封信,是担心,牵挂,还有不舍,他在表白,他爱上了我。一个人在灯下读那些火辣辣的文字,那些藏在心里却不敢说的话都变成了洁白纸张上的花瓣,馨香满怀,心,扑扑乱跳,却又有止不住的笑在脸上氤氲成花。我告诉他,我给父母留了纸条去找他了,结果计划失败,我说我一个人好孤独,父母太专制,老师特俗气,满嘴都是考大学,长出息……他说:“你不要冒险了,你等我吧。”

后来的信，就更美妙了，情情爱爱，花香浮动，每天上午邮递员会来，我就躲在收发室对面，心，跳得扑通扑通的，每天晚自习都是最美妙的时光，因为要给他写信。

这样的信，一定要在晚上读，夜深，人静，确信没有人能打扰此刻甜蜜的思念。哪怕是万水千山，这一刻的思念，只有思念，清透不染尘埃。

这样的信，写了两年，两年的纸上谈情，他终于复员了。他说他先不回家，他会先来看我，并告诉我行程。我忽然就蒙了，好像做了一个梦，直到他出现在我的宿舍里，我的梦才呼啦一下醒了——面前这个穿着旧军装、健硕黝黑的男孩，这个陌生却又熟悉的男孩，真的，是为我而来？可是我真的做好了爱他的准备吗？

他从南到北，一路给我带来了各地的各种水果，满满两大包；他来拉我的手，温柔地叫我小欣；他说他想留在这个城市里，找一个工作，等着我考大学，毕业……我真的要用一辈子就爱这样一个男孩吗？不不，我从没这个想法。

我第二天就逃了，躲在家里不肯去上课，我不想见他，后来托同学转了一张字条给他，让他回家去。

他走的那天我没去送，一个人吃他留下的水果，然后流泪，不是为了失去，而是为了获得，我用石榴籽在桌子上拼了许多字，那些字连起来就是：“那不是爱，我只是为了排解我的忧伤！”

是的，青春的爱情，哪里是为了一个结果，根本就是迷恋一个过程。那么好的时光，没有生存压力，没有见识过生活真正的模样，没有尝过宿命带给每个人的伤，好年华，就是用来忧伤的，风动花蕊，露盈脉络，需要有个渠道来排解，那些纸上的爱情就是一种成全。

美国女诗人狄金森说：“等待一万年不长，如果终于有爱作为补偿。”相比于现在科技的发达，早已改变了最初的爱情模样。于是，灯下读信的怦然心动便隐在岁月中，成了一缕被抹去的回忆。而那些年少满溢的忧伤，也再不需要这诗意又缓慢的排解了。

Part 3

爱过错的人，走过错的路，却没有错的人生

把最美好的东西送给自己

九月,为了忘却一段刻骨铭心的爱,给自己放了假。是一个俗套的故事,爱上了一个不能给自己名分和幸福的男人,却还在痴痴缠缠中度过了整整一个季节,到底是伤透了心,泪水洗不清惆怅,酒也醉不了情殇。

索性,背起包来逃离,江南,不知名的小镇。

在古旧的小巷子里,细语斜织,青石板路浸了微雨,泛着清冷。我徜徉在长长的街道上,高跟鞋踩在青石路上,清脆,干净,却把心搅得很乱。

空气里夹杂着一抹似有似无的香气，比花香甜，比糖清淡，好像一路冲到了心里。蓦然间，想起林黛玉的一句诗来：口齿噙香对月吟。

一路寻觅着，顺着似有似无的香气，慢慢找。直到，香气越来越浓郁，几乎弥散在每一寸空气里。抬头，就见街边一间旧铺子上又三个大字："玫瑰糖。"

好美丽的名字，玫瑰的艳，加上糖的甜，已经是一首诗了。

遂走进去，立刻被绵软的芳香包围了，只见一排排的原木架子上摆着玲珑的小瓶子，小小的玻璃瓶子里红红艳艳。店主是个年轻的女孩子，素雅裙衫，正拿了一枚小小的银色杵，向着一个玻璃罐子里慢慢地杵。罐子里覆着一层砂糖，上面有几朵玫瑰花，随着银杵的下落，娇嫩新鲜的花汁飞溅而出，慢慢聚集在罐子底，和砂糖融化在了一起。

我看着她，忘记了询问。半晌，女孩子抬起头来，抹一把头上的汗，脆脆地问："你是来买玫瑰糖的吗？"

哦，原来，这就是玫瑰糖。生于北方的我，听说过玫瑰糖的美妙，却从没有机会尝过，连见也没有见过，应着女店主的话，我已经在心里盘算着：这么好的东西，看一眼都能满口生香了，家人、好友，最起码,要每人带一瓶回去。我一边在心里数着,一边对女孩说了一个大概的数目,期待着女孩能看在我是个大主顾的份儿上给一些优惠。

出乎意料的是,女孩说:“对不起,每个顾客只能卖一瓶,这是玫瑰糖的规矩。因为,制作玫瑰糖全凭手工,活计又细,又主要是给镇上的邻居预备的,对于游客,是出于一份礼貌才卖一瓶的。”

我软磨硬泡,无果,终是忍不住问:“难道你做生意不是为了多赚些钱吗?”

女孩停下手里的活计,给我讲了一个故事。

六十年前,一个父母双亡的女子流浪到小镇,几乎饿死,小镇上的人们收留了她,给她找了住处,送来吃的和穿的。后来,女子在小镇嫁了人,过上了平静的生活。为了报答大家,她就在后院开了一片玫瑰园,每年玫瑰花开的时节,她便每天早晨九点开始采集花朵。用这鲜玫瑰制作玫瑰糖,然后给小镇的居民家送去,一家一瓶。因为这个时候的玫瑰,花瓣上的露水已经干了,花朵却正饱满鲜艳。她制作的玫瑰糖香气浓郁,清甜可口,人们都非常喜欢,几乎所有的甜食都会放一点,汤圆啊,糕点啊,满口生津。后来女子老了,她就将这个制作玫瑰糖的手艺传给了儿媳,儿媳又传给了女儿……后来,有游客喜欢，也会卖一点儿，但大多数还是要给小镇上的居民留下，因为玫瑰有限，花期有限，手工又要细，所以，美味的玫瑰糖也是有限的。

“这个流浪到这里的女子，就是我的祖母。”女孩最后说，然后她低头开始制作玫瑰糖了。

“所有好的东西、都是珍贵的、限量的，拥有得太多了就不会珍惜。就像是我们的爱情，总要留给最重要的那个人。对于我们家族来说，制作玫瑰糖是为了报答这个镇子上的好心人，所以，对于玫瑰糖来说，他们才是最重要的人！”女孩最后补充，然后低头一笑，继续用她的银杵一下下捣碎瓶子里的玫瑰。

我手里握着属于我的那瓶玫瑰糖，看着女孩忙碌，心，却豁然开朗。

我欢快地对女孩说：“谢谢。”随后便脚步轻快地离开了铺子。

依旧是弥散在空气里的香，却越来越远了，我一路思索着这延续了几十年的报答，正像早晨开得正饱满的玫瑰，又像这一屋子的玫瑰糖，甜香绵软，渗透着岁月的芬芳和美好。

我再也不会纠结在这样狭隘的情感世界里，将自己的芬芳甜香浪费，每个人的情感都应该像这玫瑰糖，制作精良，限量销售，才对得起那份美好和珍贵。

我会永远记住玫瑰糖，记住这间小小的铺子，记住一个恬淡的女孩，她用玫瑰糖告诉给我一个道理：美好的东西都是有限的，要送给真正重要的那个人，才算是对人生最庄重的报答！

告别对不起，才配拥有好人生

最近很烦恼，表妹闹分手住在我家里，怕她想不开，于是抽出时间开导她，陪她玩儿，甚至打算跟她一起痛骂前男友。表妹还好，表现得云淡风轻，一副根本不在乎的样子，这样我们还放心，她每天都在家里看电视，打游戏，看一些心灵鸡汤方面的书。突然有一天，她站到了天台上，连警察都惊动了，送到医院检查，家人才惊觉，她患上了抑郁症。姑妈说，表妹是心里难过说不出，她为前男友付出了很多，而他却劈腿，还为小三打了她一巴掌。表妹从小受到的教育就是宽容、温柔，她连大声骂都做不到，所以憋闷出了抑郁症。

优雅转身，成了无数男女信奉的恋爱圣经。其实，何必呢？不开心就骂，不爽了就说，还爱着就哭，痛了就把痛宣泄出来。除非不够爱，否则哪里有什么优雅分手，云淡风轻？

无数报纸杂志的情感专栏告诉我们，分手要趁早。这样才有尊严，才能更美好地留在对方的心里。所以，有越来越多的人，在爱情走到尽头的时候，尽管和着血泪，也要将所有的苦涩咽下去，潇洒地转身而去，云淡风轻，给对方留下一个优美决绝干脆利落的影子，于是这影子便镌刻在了记忆里，永不消退。

当鲁迅面对朱安的时候，转身转得快而优雅；当徐志摩在张幼仪面前转身的时候，她还怀着孩子；在孟小冬转身之后，梅兰芳跑到人家屋外硬是站了一夜……所以，朱安为了这个华丽的转身搭上了自己的一辈子，张幼仪用大肚承担起了照顾徐志摩父母的责任，梅兰芳至死仍想念孟小冬。他们都遇到了优雅转身的那个人，但是，那转身的背后是什么呢？鲁迅从没爱过朱安，徐志摩曾经为林徽因疯狂、为陆小曼疯狂，却从来没把张幼仪放在心上过，孟小冬倒是爱过梅兰芳，可她转身之后又嫁给了杜月笙，后半生，她和杜相知相携，余生并不寂寞。所以，他们能优雅转身——因为爱之不深，则责之不切，不如转身来得利落。

能优雅转身，不但保留了尊严还在对方的心里种下了不甘的种子，所以，怀念那个优雅转身的人几乎成了每个失爱人的专利。

说到底，在爱情的世界里，能做到优雅转身，只能说明曾经不够爱，或者爱得不够深。爱情由不得理智支配，再顾及尊严面子，曾经用沧海的水巫山的云拼织成的旧日时光，或甜蜜或深情或饱满，沉甸甸压在回忆里，怎么可能做到优雅转身。

其实，把那个优雅转身的人放在心里，一半是恨一半是不甘，期待着那个身影能够回头。所以，心心念念。

优雅转身，是对爱情最后的亵渎。

洞悉世事的张爱玲，错爱胡兰成，付出半生心血和爱，却终遭辜负。她没有做到优雅转身，而是在伤心分开后仍然寄钱帮他。不是这个女子不够聪慧不够优雅，实在是付出的那些爱积淀在了岁月深处，要慢慢地、慢慢地一点点拔出来，她是真的爱过，所以，做不到优雅转身。

曾经付出的深情和爱越深，越会牵扯到转身的脚步。

我宁愿分手的时候怀念那个不能优雅转身的人，宁愿他纠缠，发短信，在寂寞的夜里跟我哭诉，不舍，难过甚至歇斯底里，然后慢慢走出沼泽，用时光平复忧伤，也不愿去怀念那个优雅转身的人。虽然爱情已不在，可，曾经是抹不去的。能这样，证明爱过。

佛说："渡人容易渡己难！"

深爱一个人是不可能在分别的时候做到优雅转身的，所以，别去怀念那个优雅转身的人。能够优雅转身，说明你在他（她）的心里，曾经，现在，都是浅淡无痕的。

所以，别以为能优雅转身就是高贵，那是因为你没爱过，也不懂得痛。分手总会痛，总会难过，疏导比压抑更重要。

嫁对了人，你才是好女人

遇见他的时候,她 25 岁,有过短暂婚史,本该飞扬的青春却已经有了千疮百孔的伤。在前夫的眼中,她不但是个毫无风情的女人,而且还很乏味,甚至床上的表现都是挑剔的借口。于是,结婚两年的她便匆匆成了弃妇,面色暗黄,头发干枯。拒绝再爱,她认定自己是个没人喜欢的无趣的女人,自卑得像尘埃里的草,头垂到了泥土里去。

他是经同事介绍的,本不愿去,但拗不过同事的热情,还是去了。他是医生,没有过婚史,长相一般,却干干净净的样子,雪白的衬衣,修长的手。他站起来给她倒茶的一瞬,她枯萎的心忽然动了一下。很温暖。但是她生生地将那一份心动压到了心底去。

看得出来,他对她是喜欢的,因为经常去接她下班,骑了摩托车,要她坐在后面。开始,她拘谨地坐着,他就把车骑得飞快,这样,她就不得不将双手紧紧地搂在他的腰间。没事的时候他就细细地斟了茶来,絮絮地说,女友怎样出了国,另结新欢,说他怎样盼望有一个温馨的家……她大都是静静地听,不敢张口。因为前夫说过,她是个不会说话的女人,她怕她一张口,就吓跑了他。

但是她知道自己是快乐的,和他在一起。

那天,他送她玫瑰,她接过花来,细细地嗅,却发现那朵最大的花心儿里居然藏着一枚闪闪的钻戒。他顺势求婚,她惊疑地问:“你真的愿意娶我?”他笑着搂过她:“为什么不愿意,你难道不知道自己有多好吗?”她的泪一下子涌出来,打湿了娇嫩的花瓣。

后来,他们顺理成章地在一起了。她越来越快乐地发现他真的喜欢她安静地坐在那里读书的样子，喜欢她做的饭菜，喜欢她的勤快……喜欢她的含蓄的表达方式。他对她体贴入微，每天早上都会准备一杯温水放到她的床头，因为他说她脸色不好，要记得排毒。感动之余，她的顾虑完全消失了，他们的生活快乐且丰富。

日子平平静静地过下去，有一天她忍不住问："当初你是真的喜欢我吗？你喜欢我什么呢？"他坏坏地说："怎么会不喜欢你，你善良，会认真地倾听别人，安静读书的样子性感又美丽，你从来都是温柔地说话，还会做好吃的饭菜，这么温柔可爱的女人我到哪里去找！"

她愣住了，曾几何时，这些都是前夫挑剔的，也是她自卑的开始。没想到换了一个人的眼睛，却是这样的评价。

她是美好的，她知道了，从此生活得更精致了。他是幸福的，因为懂得欣赏收获得更多。

三毛说，这个世上，只有不快乐的女人，没有懒女人！遇见对的那个人，每个女人都是好女人。同是一粒沙，落到蚌的怀里，终会磨炼出珍珠来；而若是不小心爬到蜗牛的壳里去，再磨到血肉模糊，也逃不出一粒沙的命运。嫁对了人就是：你的心在他那里，才最珍贵！

十八岁的小巷，爱错了男人却收获了对的朋友

她们都曾是我儿时的玩伴，好得像姐妹，无论做什么她们都很相像。我以为她们会一直这样下去，可是最近一次回老家，却见到了两个截然不同的女子。她们是紫玉和文芳。

十几年前，紫玉和文芳一起辍学了。

文芳是因为家里困难，母亲死了，父亲为了哥哥的婚事，让她出去打工赚钱。紫玉听说文芳要退学，眼泪就下来了。

她们已经十七岁了，处在少女的敏感期，好像全世界都不理解她们，只有彼此是可以心灵相通的。紫玉的妈妈是个暴脾气，动不动就插着腰骂人，同学们都不喜欢跟紫玉玩，怕招惹了她，被她妈骂，只有文芳不怕。文芳和紫玉是一对儿，上课互相传纸条，下课看课外书，放学手拉手。

于是，紫玉决定和文芳一起辍学，到那个五百里之外的小城去打工。她不是为了赚钱，她是为了能和文芳在一起。

朋友是这一辈子最重要的。她们俩互相在笔记本上写下了一句承诺。

紫玉的家人说什么也不肯让她走，去那么远的小城打工，因为她是要考大学的。她就绝食，躺在床上不吃也不喝，暴脾气的妈也吓得没了办法，只好暂时给她办了休学，打算让她去吃点苦头，明年继续考。

于是，紫玉欢天喜地地和文芳一人挎一个小包裹上了路。城市的一切都是新奇的，商场里溢光流彩，一到夜晚，满目的灿烂繁华，两个人欢呼着，要永远在一起，在这样的地方生活下去。

可是，工作起来可就没那么美了。她们打工的毛衣厂是私人的，人少，活儿多，每天几乎从早忙到晚，还好，有许多天南海北的女孩子们在一起，大家可以嬉笑打闹，还能在晚上不加班的时候结伴逛街，感受城市的美好，她们感到很满足。

这样的日子一晃过了一个月，第一个月发了工资，紫玉和文芳去大排档吃了一顿烧烤，一人买了一件连衣裙，穿起来好像一对姐妹花。

文芳比紫玉认真，紫玉比较贪玩、任性，做出的毛衣总是返工，有时候实在返不完，文芳就帮她加班。在偌大的车间里，只有两台机器嗡嗡作响。

这天，文芳忙完自己的，又开始帮助紫玉返工。紫玉见文芳来帮忙，懒惰的毛病上来了，偷偷溜出去买零食。

正在这时，刘小乐进来了，看到文芳一个人在加班，就过来搭讪。刘小乐是厂子里的机器检修工，人长得帅气，又会说笑话，厂子里有许多女工都喜欢他。就是不爱学习，所以连高考都没参加，直接就进了技校，学习修理。

文芳见刘小乐跑过来跟自己说话，脸有点微微的泛红。她庆幸这天自己穿了新裙子，粉色的束腰上衣，长长的裙子，整个人站在那里，像一棵妩媚的木棉树。刘小乐说："文芳，大晚上的，一个人加什么班啊，干脆我带你出去逛街得了。"

文芳的脸更红了，除了紫玉之外，她还从来没有过朋友呢，更别说异性了。就老老实实跟刘小乐说："我加班帮紫玉返工呢，她的活儿都打回来了。"

刘小乐拈了拈文芳机器上的线，说："善良的女孩子最美丽。这样吧，我把机器给你调一调，这样会好用一些，然后我陪你加班，反正也没事。"

文芳说不用了，紫玉出去买东西，一会儿就会回来跟我一起弄。刘小乐有些失望，就说："那我就给你调机子。"说着，他让文芳停下机子，从包包里拿出一些工具，一顿捣鼓，又将机针整个换了一遍新的。

文芳再开机子一试，果然又滑又快，轻松得不得了，就感激地对刘小乐说谢谢。刘小乐不失时机，问："那怎么谢啊？不如明天下班我们一起去吃火锅吧。"

文芳还没答应，紫玉便提着一包零食风风火火闯进来，文芳好像被谁窥见了秘密般赶紧低下头来干活儿。

刘小乐和紫玉打了一声招呼就走了。

后来，刘小乐便经常来约文芳出去逛街，有时候还会送她言情小说、发卡香水这些东西，慢慢的，厂子里的人就都知道刘小乐在追文芳了。

文芳好像变了一个人，漂亮了，喜欢笑了，有人看到，她经常会将刘小乐的衣服抱到水房里去洗。

刘小乐经常扮演绅士，请文芳下馆子，文芳有时候就会带上紫玉。紫玉和文芳不一样，文芳安静、内敛，紫玉活泼、风趣。于是，饭桌上更多的是刘小乐和紫玉两个人斗嘴，不亦乐乎。有一次，文芳上卫生间了，刘小乐和紫玉拼酒，有点醉，就抓住紫玉的手说："如果我那天晚上到车间去遇到的是你，该多好啊！"

紫玉的心里轰隆一声，她被刘小乐这句大胆的话给惊呆了。之前，她是很羡慕文芳，也很喜欢刘小乐。可是，那都是和自己没关系的事情。现在，有了刘小乐这句话，她的心好像是湖水里被扔上一颗石子，一圈圈起了涟漪。

好在，文芳很快就回来了，尴尬的气氛才得到缓和。

情人节，刘小乐穿着雪白的衬衣，打着领带，怀里抱着玫瑰花去找文芳，不知道的人，还以为帅气的刘小乐是哪家公司的白领呢。

文芳和紫玉是上下铺，刘小乐来的时候，文芳到餐厅打饭去了，她一直都打两个人的饭，因为紫玉比较懒。

刘小乐站在宿舍门外，紫玉说："进来吧。不然你交给我也是一样的。"

紫玉和文芳是一对儿，这是人尽皆知的。刘小乐犹豫了一下，看着门口三三两两打饭回来的女孩子们都叽叽喳喳议论他，他有点窘，就说："那好，你交给文芳吧，就说我晚上八点在厂门口小公园等她。"

紫玉答应了一声，将花收了。

那天文芳打饭回来，一眼发现了桌子上的鲜花，将饭盒放在桌子上，举起来左嗅右嗅，问："是刘小乐送给我的？"

紫玉低了头，转移话题，说今天的饭菜好丰盛啊，我都饿坏了。

那天晚上，她犹豫了好久，终于没有向文芳转达刘小乐的话，而是自己换了一件衣裳去赴刘小乐的约。

这生活实在是太单调了点，每天除了上工之外就是吃饭、睡觉，简直毫无乐趣。刘小乐这个人帅气又好玩，自己的条件也不比文芳差，他没有道理不喜欢自己而去喜欢文芳啊。

毕竟，是做了对不起文芳的事情，紫玉很忐忑，也很内疚。她想：如果刘小乐反应强烈的话，她就编个瞎话，说文芳生病了，或者是加班了，让自己来告诉他一声。没想到刘小乐只是稍微疑惑了一下，就没再问文芳的事情，请紫玉吃了冰激凌，又和她谈笑风生。

十八岁了，这是紫玉第一次接触陌生男性，她简直着了迷。

那天晚上，紫玉回来的时候文芳已经睡着了。她轻手轻脚回到自己床上，回味着和刘小乐分别时刻在额头上的一吻，脸上发着烧，翻来覆去睡不着。半夜，文芳的床上传出压抑的哭声，她才惊觉，自己已经闯下了祸，大气也不敢出了。

刘小乐依旧出现在女工宿舍门外，只是，约会的对象换成了紫玉。紫玉像做贼一样跑出去约会，面对文芳的时候头都不敢抬。但是，刘小乐的吸引力太大了，她沉浸在他给她制造出来的爱情氛围里，不愿出来。

文芳没有问过紫玉为什么，也没有找过刘小乐，只是情人节之后她明显消瘦了，常常只吃一点饭就坐在那里发呆，活儿也干得粗糙了。她没再和紫玉说过一句话，两个人像陌路一样，很别扭。

三月，刘小乐和人打架，手臂受伤，住到了医院里。他的家远在安徽，没人照顾，紫玉着急又心疼，每天晚上下班之后都会给他送饭。

医院距离厂子非常远，紫玉借了一辆自行车，走过繁华的路段，还要穿过一条长长的小巷子。那条巷子正在修路，要推着车子走，紫玉本来就十分胆小，天又黑，想到还要过那条烟尘滚滚没有人烟的小巷，心里忐忑着，偏偏两边树上的叶子哗啦啦地响，她一个人缩着肩膀，一步一探地走，有一种想哭的冲动。

突然，身后传来一声重重的咳嗽，她吓得转过头，见大树的影子里转出一个身影来。刚要大叫，那个身影又咳了一下，熟悉的感觉——文芳！紫玉在心里低低地惊呼一声，她在远处陪着她！心头一热，温温的泪水冲出来，淹没了恐惧和委屈。

那天她们谁也没有理谁，只是推了车，慢慢走。紫玉想解释下刘小乐的事，可是有什么好解释的呢，突然就噤了声。对于文芳来说，怎样的解释能让她释怀呢？无论是朋友的背叛，还是男友的不检点，不都是心头的伤？

那一路，紫玉在前，文芳在后，默默地穿过那段荒凉的小巷，犹如穿过青涩荒芜的青春，身边只有时光流动的沙沙声。

紫玉给刘小乐送了十天饭，文芳便这样无声地跟在她后面，跟了十天。

紫玉两个月后和刘小乐分手，因为他一直同另一个女孩暧昧不清。又过了一个月，她的哥哥听说了其辍学打工的消息，从遥远的新西兰飞回来，将她押解回家继续上高三，准备迎接高考。

十年后紫玉已经是一家服装公司的顶级设计师，有一天她到厂区车间去巡视，忽然就在人群中发现了一个熟悉的身影——微微发胖的文芳正埋头在缝纫机上操作，她手里做的，是她设计出来的衣服。

她会为了和她在一起而放弃理想，甘愿辍学，也曾为了一个不值得的男人狠狠地伤害过她，那些往事，那些关于青春的荒唐誓言和伤害与情意，那条长长的、黑黑的小巷，又一次穿透岁月，在她的眼前重现。

十八岁远了，刘小乐模糊了，只有那条巷子，深深地留在记忆的深处。

有些事是永远等不到的

他和她，在最美好的年华相爱，很是甜蜜。后来，他要出国深造，为了事业，他要她等，等成功的那一天，他们成亲。为了爱，她等。无数寒暑交替，沧海变成了桑田，八年过去了，他结婚了，新娘却不是她。她的心好像被掏空了，成了人世间的一缕幽魂，在他成婚的那一夜，独自走向郊外的河边，临别，发了最后一条微博："我等得好辛苦，结局好悲凉！"同城网友依靠一点点微弱的线索，几十人寻找了大半夜，最后连警察都出动了，到底找到了她。她正恍恍惚惚在水里挣扎，试图结束人生的痛苦。

周围也有这样的例子。有个女友，单位有个帅气男人很喜欢她，但是有了未婚妻在先，于是求她，能不能等自己两年，他用两年的时间解除婚约，条件是这两年女友不能交男朋友……男人家世好，长得好，许多女人都动了心。女友其实很喜欢他，所以陷入到焦灼中，到底拼出两年的时间来做一个莫须有的等待值不值得，等不等呢？当然是NO。

在无数的爱情誓言里，都有一个等字。你等我！

为了爱，为了珍惜，为了他日的一份圆满和相守。只是，爱情的付出和回报永远不成正比，世事如流水，每一时每一刻都在变化，如果等不到那一天呢？谁还你青春，谁许你结局圆满？

爱情是一刹那的事，不讲究预约。谁也不是琼瑶剧的主角，人生的作者更不是金庸——小龙女跳崖16年，还有个鬓染风霜的过儿心心念念。

爱情和等待没有关系，多么深的恩爱也抵不过时光的侵蚀。磊落有担当的爱人，都不会让爱人靠一句诺言来等待。如果没办法共同承担，倒不如消灭等待，祝愿你快乐。

大家都是凡人，同样身处喧嚣浮躁，同样会孤独寂寞，都需要一个肩膀来依靠。

苏武出征匈奴前，曾经给恩爱的妻子写过一首诗："结发为夫妻，恩爱两不疑。欢娱在今夕，嬿婉及良时。征夫怀远路，起视夜何其。参辰皆已没，去去从此辞。行役在战场，相见未有期。握手一长叹，泪为生别滋。努力爱春华，莫忘欢乐时。生当复来归，死当长相思。"他说，我们是多么恩爱不舍啊，可是，我又不能不走。我走后，你要快快乐乐地过日子，只有你开心了，我才安心。他没有说一个等字，这是一个男人的真正担当和爱。

他果然被扣押在匈奴，受尽了人间苦楚，并且，遥遥无期，直到 19 年之后。19 年啊，人生能有多少个 19 年可以等待——苏武回国后，妻子以为他死了，早已改嫁。苏武自己也在匈奴娶妻生子，有了庸常的幸福。

如果我不幸死了，我这一生，最爱的人，永远是你——可是，如果没死呢？

多少真爱流光易碎，根本就无法抵御琐碎生活的笃定和熨帖。

前几天看一个情感实录类节目，讲一对生死恋人的经历。现实问题是，男的穷，一直不被女方的家庭看好。于是，女方家长找到男的，百般刁难，说如果他真爱，那么便要先给女方一份好生活。男人一怒之下悄悄南下深圳，奋力捞金。五年之后，终于赚到了房子车子，再次回来寻找女方，继续两人之间的爱。可惜的是，女方在这么久的等待中，自杀过，憔悴过，伤心过，终于又接受了一份爱，有了平凡却美满的幸福！男的无比失落和沮丧，试图通过电视台的影响让女方回心转意，而女方却摇头拒绝！

是的，我真爱过你，可是这五年的缺失，是曾经的爱能够弥补的吗？你以为，这一去，能成全爱情的壮美，却不曾想，她需要的，只是枕边的一个轻吻，是晚饭后手拉手散步的闲散，是吵架，是做家务，是夜间一个温柔的抚摸！

茨威格有本小书《昨日之旅》也是讲一对深深相爱的情侣。他和她，在最浓情的日子里，被一场战争分隔两地，被思念无情啃噬了无数的日夜之后，他们终于又相见了。然而，那份情，却像一根刺，盘桓在记忆深处，最后的结果是，他们都迫不及待地转身逃离！

就像18年后，顾曼桢在街头遇见世均，四目相对，恍如隔世，那一句："世均，我们再也回不去了！"像一把鱼肠剑，软软地，割碎了许多人的心。

没有朝夕陪伴，纵使是再相爱的两个人也穿不过时光。所有在爱情里甘愿傻傻等待一个圆满的人，注定都会血本无归。

在命运的粗暴干涉下，任何爱情都无可逃遁，很苍凉吗？人生往往如此，你可以用意志和信仰，躲得过苦寒交迫，躲得过大是大非，却躲不过片刻荒凉。最后，忍不住转身接受另一双手的温柔爱抚，另一个怀抱的踏实熨帖。

爱情和等待没有关系，爱情只和相守有关系，一茶一饭一朝一夕，实实在在的人，在眼前。当我们爱一个人，最在乎的，不是对方有多少光环，而是陪伴——雷雨夜能找到你的怀抱，病痛时可以跟你撒娇。

思念那么长，寂寞那么冷。与其在悬崖上展览千年，也不如在爱人怀里痛哭一晚。

我们凭吊小龙女和杨过的爱情，我们唏嘘金岳霖对林徽因的爱情，但是，我们更愿意躲在自己的烟火人生里，感受庸常的陪伴，继续着我们平凡相守的幸福——没有等待，没有从巨大希望跌进巨大失望中的空茫。

你等着我。是爱情中最不负责任的一句话，多少宝贵的青春年华，多少饱满的爱情，都在无休止的等待中枯萎成了秋风中的一片落叶。

每个人的爱情都是平等的,比如这个收废品的老人

我注意到那个老人好久了,他身板挺直,头发花白,穿着洗得发白的灰衬衣,骑着一辆破旧却干净的三轮车在小区里收旧书报、饮料瓶。他不像那些脏兮兮的收废品的人,每天在垃圾箱里翻来翻去,谁要是将杂志报纸放在车筐里忘了拿,转眼就进了他们的破烂车。

他很安静,坐在树荫下看书,也看来来往往的行人。三轮车上挂着硕大的一块牌子,上面写着“收

旧书报”几个毛笔字。热的时候，就戴一顶草帽；下雨了，就撑开伞。几乎风雨不误，像上班一样准时出现在小区里。一个小区，不可能天天都有人卖旧书报，况且他那一行的竞争力也是很激烈的。许多时候，他都是空车来回，一副悠闲自得的样子。

我不解，如果说为生活，那么没必要这么不关心生意；如果是为了兴趣，那么这老人的兴趣也未免太那啥了些。

于是，积攒了一些报纸杂志，将老人叫到了楼下，借卖废品的机会和他闲聊了起来。老人并不健谈，只是默默地收拾地上的东西。

我无计可施，心里琢磨着这个古怪的老人。正在这时，男人打来电话。我们正在闹离婚，一点家务小事就上升到了爱和责任的高度，于是，谁也不肯认输，正处在分崩离析的边缘。说了几句，吵起来，还是站在各自的立场上，吵了个天昏地暗，忽然悲从中来，我说：“别吵了，明天去离婚吧。我们真的不合适！”男人停顿了一下，说了一个简单的字：“好。”就挂了电话。我的眼泪像泉水一样冒出来，冲天的委屈。离婚，这次一定要离婚！

好一会儿，才发现老人还蹲在原地收拾那些书报杂志，一本本，一页页码起，有几封信被他挑拣在一边。

我心情不好,对低着头的老人说:“这些东西你都拿走吧,我不要钱了。”转身回家,我本来也没打算卖什么钱,只是对这个老人好奇而已。

老人在后面急急地喊:“姑娘,等等,这里还有重要的东西。”

重要的东西?我一愣。明明都是堆在储藏室里没用的垃圾啊。

老人几步追上来,手里握着那几封信,我接过来,原来是结婚第二年,男人被派到海南进修时我们互通的书信,后来两人团聚了,彼此的生活观和生活习惯不断地起着摩擦,这些东西就凝成了墙上的一抹蚊子血。

我笑一笑,对老人说:“我们都要离婚了。这,算什么重要的东西,你要是不愿意要,直接扔进垃圾桶算了。”

老人盯着手中的书信,眼圈红红的。

他说:“姑娘,如果你有时间,我给你讲个故事吧。”

多少年前,当一对青梅竹马的恋人正准备结婚的时候,男人被征了兵。这一走,就是好几年。他们互相思念,却万水千山,于是就写信,一封封。后来,因为前线纷乱，他负伤半年，他们便失去了联系。

姑娘的父母觉得女儿等这么久，如果男人不再回来的话，她也许会成了嫁不出去的老姑娘。那么，姑娘的弟弟该怎么娶亲呢？正好，有个富户来提亲，父母就做主将姑娘嫁了人，姑娘不从，打算偷偷离家出走去前线找他，父母编造了一个瞎话，说他已经死了，绝了她的念想！

他几年之后回来，一个人，不曾成亲，默默寻访着姑娘的下落。好不容易才找到她，他却发现，姑娘已经生儿育女，过着平静却幸福的生活，丈夫温厚，儿女可爱，就果断回到了两个人相爱的小村庄，做了一名老师。唯一不变的习惯，是每天都要写一封信给她，不寄，只为抒发心中的思念。

再次相见，是在几十年之后了。得知当年的她如今老伴已去世，又成了孤家寡人，他犹如枯井的心又开始蠢蠢欲动，再次寻访到了她住的小区。两人相见，哽咽难言。她说："大家都说你死了，我只好把思念都写出来，自己留着看。这么多年，不知道写了多少信给你，你既然活着，为什么不来找我？"

他说："看你过得那么平静，不忍心打扰你啊！"

那天，他跑回家，将留存了半世的书信都背来，交给她，她翻着那些思念，眼泪止也止不住。傍晚分手的时候，已经是老太太的她说：“明天你还来，我要把我写给你的那些也带来。老天爷没让我们做成夫妻，就用这些信，彼此留个念想吧。”

可是，他第二天来的时候，她突发脑溢血，去世了。

他难过得不行，心，一下子就空了。他登门想要回那些书信，留做纪念。可是，她的儿女们很讨厌他，说他使母亲受了刺激，使母亲在本该安享晚年的时候去世，将他赶了出来。

于是，他扮成一个收破烂的，期许哪一天那几个孩子能将那些书信当作垃圾一样卖掉，那是他对尘世间唯一的留恋了！

原来，看似平静的人世间，每天都在发生着波澜壮阔的爱情故事，你眼里久远无用的一封信，也许就是人家填充生命与精神世界的圣物。

一阵风吹来，报纸哗啦啦被风吹散，犹如凌乱的心绪。我手里攥着那几封书信，忽然觉得无比珍贵。

与其错过了再遗憾,不如好好珍惜此刻

一

一直到很久以后,再次想起那个秋天,依旧有淡淡的喜悦袭来,犹如缓缓的莲花开。那个时候,我23岁,刚刚从一场感情旋涡中拔出双脚,在一家小小的报社做编辑,晚上做一份兼职——心理咨询热线的主持。正是青春浓郁,前途迷茫,工作生活情感皆不如意,每天繁重的工作之余就是躲在出租屋里,大量看书,消磨时光。

我就是在这个时候认识她的。首先记住的是她的名字：红颜，一个让人生出遐想的美丽名字。她也是来做心理咨询的兼职，亦是夜班，云南人，肤色白皙，眼睛大大的，时常微笑，是个温暖妥帖的女子。

第一次正式见面，是在聚会上，那个时候，加进了新人，老板总要安排个饭局，让大家熟悉一下。在饭桌上，气氛是最容易活跃的。整个晚饭时间，红颜一直都在微笑，谈吐大方，在回去的路上，她突然走到我的身边说："洛冰，这么多人，我一下子就发现了你的不同之处，感觉像是故人。"我奇怪于这样的谈话方式，却又禁不住被她的亲切感染，于是问："为什么？"她轻轻一笑："因为你左手用筷子啊，左手使筷子的人都聪明。"我一下子就笑了，心里的阴霾已散开。

她却认真地说："洛冰，你是个受过情伤的女孩子，你的眼睛已经透露得很明白。快乐起来吧，等你30岁的时候，就会明白，现在的伤只不过是岁月里一道最清浅的划痕。"

一见钟情的不仅有爱情，还有友情，我们不是一个年龄段的女子，却在第一次见面的时候产生了惺惺相惜的感觉，那个感觉很奇妙，像春风般轻轻拂过湖面，带着尘埃落定的平和。

我和红颜上一个夜班。第一天上班的时候，我忙到很晚，肚子咕咕叫，随手抓一把零食，却抓了个空。红颜从小小的厨房走出来，手里端着碟子，碟子里是炒米饭，红的火腿，绿的黄瓜，黄的鸡蛋，白的米饭，鲜艳清脆，香气四溢。她说："快吃吧，深夜了。"我心里一片汪洋四溢，离家独自打拼多年，第一次有人在午夜，不顾烦琐地给我做一顿可口的夜宵。

我说："谢谢你，红颜姐姐。"她一笑："以后，咱俩的夜班，我会每天给你做夜宵吃，我可是会做好吃的哦。"

这一年，她正好 30 岁，在一所高中做老师，有一个两岁的儿子，正遭遇离婚、供房、养育孩子、供养老人，生存压力巨大，所以，只好出来做兼职。

二

红颜刚刚贷款供了一套房子，老公就爱上了别人。孩子没有人带，上幼儿园又太小，她就将孩子带到工作的地方来。两岁的萧萧，长得漂亮可爱，总是一进门就喊阿姨抱，然后在我的怀里转来转去。工作不忙萧萧又睡着的时候，我们歪在各自的椅子上，聊人生，聊爱情……这样的时刻，一切伪装都在浓重的夜影里被卸了下来，裸露出最柔软的内核，手边一杯茶,身边一个挚友。有时候,聊天变成了彻夜长谈,她说:“离开的爱人,都不是爱人!因寂寞而错爱,或因错爱而寂寞都是不可取的。”所以,面对丈夫的移爱她没有怨恨,只有祝福。因为自己,也将继续寻找真爱。在她的开导中,我忽然就豁然开朗,情已逝，再纠结在谁先负心这个问题上是多么愚蠢!有一种朋友,她总是能解开你的心结,让前进的道路顺畅平坦。在那个年龄,阅历相当的朋友无法站在高处帮我分析问题,而红颜则像一个温和的知心姐姐。

尽管她为了老公不惜离家千里,从云南来到小城廊坊,一个人养育孩子、供房,只为了他在人前能够更加潇洒;手工缝制所有的床上用品,只为了他能处处体会到她细密绵长的爱……

有时候说起云南来，她会露出少有的惆怅,让我看她以前的照片,照片上一个长发女子,在青山绿水间微笑,她说:“我们那里空气干净着呢,这样的长发几天不洗,依旧飘逸。”

大多数时候红颜总是在认真倾听,我灰暗的心渐渐疏朗,不过一段人生,不过一段情事,有了红颜这个可以倾诉的出口,也就慢慢流出去了。

如今，多少年过去了，我才明白，在这个浮躁的世间能有一个认真倾听你的朋友有多难！可是，红颜的问题远远不止情感纠结这么简单。由于上班时间太紧，她根本没有时间带孩子，只好找了一家私人托儿所。可是，她下了夜班到学校去上课的时间是六点，这个时候托儿所根本就不开门，而我到报社上班的时间是八点，于是，便每天顺路送萧萧去上学，晚上再接回来，我们一起上夜班。后来，老板发现她带着儿子上夜班后，坚决不同意，我苦苦哀求，依然不果，实在没有办法，只好将小萧萧寄宿了。小小的孩子，每次离开，哭声都让人心疼。有一次，我送他去托儿所，他哭着拉住我的手喊："阿姨，为什么不要我？"喊声凄厉绝望，我突然就心软了，将小萧萧一路抱回来，爬上五楼，心里都是满满的委屈，为了红颜。

后来，红颜从云南将母亲接过来，萧萧的问题才得到解决。

在我二十几岁的阅历中，红颜这样的人生，完全可以算作焦头烂额了。可是，她有的是心思和笑容，她在双休日报了一个舞蹈班，穿上黑色的健身服去跳舞，头发高高盘起，额头饱满，笑容温和，淡淡妆容。

她细细在厨房里做夜宵，我们聊天，说到老公和那个第三者，她说："我看到过那个女人的照片，跟我不是一个类型的美，我是知性，她是媚！"我转过头，眼眶悄悄湿了。

三

那天夜里，一个陌生的男人打来电话，找我，说是我的一个朋友喝醉了酒，睡在了路边，他是一个好心人，在朋友的手机中翻到我的号码打过来的。放下电话，我的心突突跳成一团，我是个十分胆小的女子，夜里从不出门。可是，又怕那个男人说的是真的，朋友睡在街上有什么危险，又怕这个打来电话的人真的就是坏人，骗我出去的。望着浓重的夜色，左右为难。最后终于决定出去找。

红颜望着我微笑道："没事的，应该去找找。"

我拎了包包，慢慢下楼去，紧张得手心里都是汗。大街上空旷极了，到处都是鬼魅的气息，我简直是一路小跑，向陌生男人说的地点而去，隐隐约约的，听到身后的脚步声，我颤抖着回过头去，果然见远处黑影一闪，心顿时炸开了。这时，呼机有信息提示，拿起来一看，居然是红颜，她说："放心走吧，我就在你后面，如果真是坏人，我能在后面给他个出其不意,又能保护你……"

我回头，果然见一个苗条的剪影站在暗夜里，手里拎着一根长长的棍子。

我转啊转,心里无比笃定安宁,因为知道红颜就在后面一路陪着我,直到在一条偏僻小巷的绿化带里找到醉倒在地的朋友，我才终于松了一口气。红颜也从后面赶上来,叫了出租车,跟我一同扶起了朋友。"我这一路比你还紧张呢,"红颜让我握她的手,居然湿漉漉的:"我好怕真的是坏人,所以一直都紧紧跟在你后面。"

为什么不跟我一块出来？我仍心有余悸。

"跟你一块,如果真是坏人,会防备的,那样更危险,我是想保护你,可不是想和你一起被坏人捉到,"她笑。暗夜里,如一缕春风拂过,温暖宜人,我不再说谢谢,因为知道,已不必!

四

半年后,红颜终于离了婚。她另租了房子,将萧萧送回老家,依旧早出晚归,上夜班,教毕业班,跳舞,买好看的衣服。一个偶然的契机,她辞了职,离开廊坊,到北京去工作。临行前,她将一台复读机送给了我,是永华牌的,黑色。我用它听歌,录歌,录散文,背景音乐配了古筝曲,每念一句,都会想起红颜温和的笑。还有一床被子,完全是手工缝制的,水青的浅浅底色,开满了兰花,轻悠悠开满一床,软软的棉布,抓在手里,满满的,如厚实的人生。一本书《精品中的精品》,睡前闲闲翻两页,都存了点点滴滴的回忆。后来,当想念红颜的时候,我就依在暖暖的被子里,念散文,录下来,一遍又一遍。再后来,我也结婚,离开了廊坊,呼机早就不用了,手机号码换了又换,终究是失去了联系。

这世上有一种友情似水,随岁月滤去记忆,风烟俱静;而有些友情则是土,哪怕被时光的尘埃重重掩埋,一阵风来,依旧还原成最美丽的柔软。我们的人生就像两辆迎面相遇的火车,有过短暂的交集后,又匆忙错过。

一直都很想她,有时梦里相见,依旧是彻夜长谈的架势,只是话题朦胧,醒来,徒留惆怅,没有记忆。也找过几次,可是,偌大的北京,终究无果,但心,一直是清明的。

有一种朋友就是这样,气息相近,灵魂便也容易相通。人生路上只要一程相伴,便不会对这个世界有太多的失望。你会觉得,所有的一切都是美好而纯粹的,哪怕是忧伤。

生命中总有些人来了又去，留下永远的美好。当写下这篇文章的时候,我心存侥幸,希望红颜能够看到,那么,未尽的友谊,就又可以继续下去了。喜欢与她一起的那种感觉,倾心,安静,微笑,感知到的,都是美好!

爱情的姿势就是,
我们不怕再见,也不惧永远

他来的那天,下着淅淅沥沥的秋雨,像缠绵在天地间的一缕幽魂。采访任务都有了拖到明天的借口,于是,在淘宝上逛来逛去,打算给自己的新裙子寻一条腰带。

他弱弱地敲门,穿着一身黑衣服,打着一把黑伞。四十几岁,很清瘦的样子。他说,想借助我们的新栏目寻找一个人。因为,电视台的影响力会大一些,何况我们还有个真情讲述的栏目。

正好无聊,便打开电脑录音设备,请他大概讲讲事情的经过,改天我们会召开一个会议,研究下有没有制作节目的价值。

他很谨慎地坐在椅子上,讲述的时候一直都微微颤抖。

无非是一段情感人生。

十年前,他和她,是一对甜蜜爱人。在最好的青葱岁月中,他帅气阳光,她美丽安静。你爱做梦我爱笑,不知不觉便相爱了。于是,一起看星星,看月亮,看雪看夕阳。一起做饭收拾房间,一起存钱买房子赡养父母。

尝遍爱情的美味和相守的美满,本以为鸳鸯双飞,比翼白头。没想到,半路上却杀出个小富姐,死活爱上了他。

此时,正值他的事业遭遇低谷,和她的爱情也不可避免地陷入了倦怠轮回。小富姐,年轻,朝气,有钱,有闲,又有情调,何况还倒追他。道义上的愧疚感已越来越少,最后终于无法抵御富姐帮他重整河山的诱惑。他向她提出了离婚。她不依,死活不依,说一生只爱他一个。他决绝而去,她拿着一把刀,跑到他的家里割了腕,血流得触目惊心,幸而得救。

之后,他越发觉得她太激烈,终于寻个借口离开家，投奔了一场激情飞扬的爱情。他娶了小富姐，她留在两人的婚房里，再无联系。

然而，婚姻就是个容器，这一段和那一段，都需要从这个千篇一律的容器里，历练、消减、疼痛。而醒悟过来的时候，时间已经划过去了十年。现在的他，仍然是那个沉浸在琐碎中的男人，妻子发了胖，言语凌厉刻薄。

忽然就想她，事实是，他一直都在想她。当激情和新鲜一退，他对她的愧疚便越来越浓烈。无数次，他会想起他们一起过日子的那些时光，会想起最后分别时她的不舍，以及不惜用生命激烈挽留的决绝，常常一个人泪如雨下。

这是一种折磨，他日益消瘦，她的爱，像一块巨石般压在他的生活中。

终于是走了那条路，他放下了现有的一切，回小城来找她，希冀着用余生的陪伴和爱来弥补愧疚。可是，她住的老房子拆迁了，她应该是买了别处的商品房，无所寻觅。

找了一个月，她的家人已不在，她的工厂已经倒闭八年，报纸登了，无任何反响。派出所的户口簿上，有成百个叫那个名字的……

他茫然间，想到了电视台，觉得这个平台比较宽，涉及面会更广一些。

男人的讲述很动情，几次哽咽难言，目光忧戚，陷到了深深的自责里。

我想，这个故事也许可以抚平一个女人凄苦了多年的心，不妨做一期节目。

节目播出后，真的就找到了那个女子，是她的妹妹打来电话的，说没想到这么多年，他还在愧疚这件事。

我将电话转给他，他激动得手一直抖，并且恳求节目组能和他一起去找她，他怕她不原谅他。于是，我们商议了一下，将节目以花絮的形式做了一下延伸。

七拐八拐，终于来到她家楼下。男人很紧张，一直说自己这些年真对不住她，让她受苦了，他必须当面说一声对不起，才能让自己的心安宁下来，他的脸上汗津津的。

其实，旁观者一看就明白，他不是只为愧疚而来的，那分明是因为爱。藏在利益后面，藏在岁月深处，藏在愧疚里，他一直都在爱着她。

一个男人，只有真正在心里爱上一个女人的时候，才会认为她委屈；否则，他会认为自己委屈。

上楼，敲门，一行人呼啦啦如风扫落叶。她来开门，穿着一套紫色的裙子，头发修剪得很时髦，脸也圆润，温和，她的现任男人也很热情，招呼大家喝茶，一派幸福美满。

我们都懵了，疑惑着回头，看男人，怀疑他在说谎。

男人更是局促，她给他递茶，茶被接歪了，她和他说过去，他额头上冒汗了。

她却径自说着："那时候，我还为你割过腕呐，哈哈。"她男人也跟着笑，心无芥蒂。

她哪里需要他的对不起，她本身早已经沉入这一段幸福，将对他的爱抽筋剥骨。不是装出来，是真的，云淡风轻了。

几乎是狼狈离开。

这便是爱情的真相么？在最后那一刻，爱得越狠，忘得越快？

他负心而去，虽然在行为上占据了主动，却将一些细小的爱留在了心的褶皱里，只等岁月一点点填满身心，便冒出来打扰宁静。

而她，在离开的那一瞬间已经拼尽了全力来爱，已经在决绝的那一刻将爱完全从心里抽离。

原来，只有狠狠爱过，才能轻轻忘记。

狠狠爱，轻轻忘，才是最高境界的爱情吧。拥有哪一段,便珍惜哪一段,用尽全力!

于是,只好轻叹一声,看他的背影一点点消失在夕阳的尽头,落寞而孤独。

那些年，
我们一起喜欢过的老师都留在青春里

如果不是遇到他，十几年时光真的像水一样把过往都洗涤干净了。他老了许多，脸上有皱纹，身体发了福，他小店的货架子上摆了许多旧货。经过了这么多年，他的脸上仍带着难得的温和。

这是他吗？十几年前笑容洁白的语文老师，喜欢打篮球和看书，像一缕阳光照亮了女生枯燥的高一生活的萧老师？

其实我是刻意的，是梅子告诉我，他在我生活的小城开了一家卖劳保的小店。所以,寻找,有了刻意的成分。

此时,我是俗尘中一个普通的女人,每天都在为生活奔波,永远向往雅诗兰黛和LV,却因为一毛两毛和菜市场上的摊主讨价还价,穿款式经典的假名牌,衣料和做工很容易暴露出内心的局促。这并不妨碍我顺着一个梦的线索,追寻失去的斑斓。

有几个女孩子没有爱过英俊阳光的男老师呢?

倒退十几年的高一女生，还是懵懂和迷茫的，喜欢看琼瑶和岑凯伦，做梦都是失落的豪门公主，或者幻想一个白马王子在不远处等待。

他是新分配来的语文老师,瘦,高,穿白衬衣,笑容洁白,刚毕业的大学生,一颦一笑都是王子范儿。有些羞涩,有些腼腆,讲课不枯燥,引经据典,常常一讲课就跑到《红楼梦》的氛围中去。

女生们的变化最明显,爱打扮,爱学习了。其中也包括我和梅子。我们俩是同桌,好朋友,不爱考试,爱偷偷写日记。

喜欢一个人,是隐秘的快乐,萧老师的一举一动都充满了男性魅力,整个冬天都暖融融的。我软磨硬泡让妈妈给我买新衣服，在头发上花样百出，想让自己更美一点儿，可是他还是注意不到我,哪怕上课时我的手举得再高，他的目光也是散的，在每个同学身上扫过。他讲他是来这里实习的，立志做一个好老师，所以，会很尽力和我们做朋友。

年底，市里有一个作文比赛，他很积极地准备参加，每个同学都交了作文，他最后选了五个人参加，其中有我。距离比赛还有半个月的时候，我每天都要写一篇作文，放学后去他的办公室“请教”。他的小房间里有一堆堆的文学书籍。他中规中矩地点评、讲解，我离他很近，不敢抬头，脸红得像做了错事，每一刻都想逃，可是真逃出来，又拼命想找借口去找他。后来为了让他注意到我，我故意把作文写在一个快用完的本子上，前面是我写的“小说”，已经写了很久。他果然翻了前页，转头对我一笑：“不错啊，写小说啊，留下来我欣赏下。”我猝不及防，几乎被这个笑容击倒，慌忙点头，踉跄而逃。

第二天，萧老师在课堂上表扬我积极、勤奋，并且还会写小说，我头低着，脸上像着了火，心里却开出红艳艳的玫瑰花。我沉浸在缥缈迷幻的美梦中，没注意到全班女同学妒忌的眼神，尤其是同桌梅子，她下了课甚至都没跟我一起走。

我不管，我更勤地跑去萧老师的办公室，熬夜写作文，让他指点，他也乐意帮我，说希望我能在比赛中取得好成绩，他第一次带班有这样的成绩也会很骄傲。我的心里像藏了无数只小兔子，跳得突突的，害怕又甜蜜。

一直到回家也无法平静，我点着小台灯，摊开日记本，用笔端臆想着有一天，萧老师会牵着我的手，看雪，唱歌。后来在日记里，他还陪我堆雪人，送我书，他会告诉我，放学后面对没有我的校园，他会很失落，他给我读诗……每一个场景都能浪漫死人！

比赛的前一天中午，我拿着作文去找他，这次是真的请教，因为我要得奖，让他高兴。那天下了很大的雪，他屋子里有一个小火炉，火苗跳跃，很温暖。

完全忘记我的日记本随便就扔在了课桌上，等我和萧老师一起走进教室准备上课的时候，发现我的日记贴在黑板上，他还露出了好看的笑容，问："这是什么？"我的脑袋却"嗡"的一声，几乎昏倒，全学校也没人相信那是我"杜撰"出来的和萧老师的"约会"吧！

那个大雪天之后，我站在雪地里看着萧老师在办公室里收拾东西，他背着一个很大的双肩包，走过我身边，我感觉自己的目光已经要化掉了，可是他没有看我,也没有责备,径直向大门口走去,脚步很快。我一路走回家去,一个小时的机械行走,脚已经冻到麻木,只在心里不断重复着一个声音:我丢脸了,我再也见不到他了!

后来我坚决装病退学,上了一个专科。梅子十年后给我道歉,说那日记是她贴的,因为她妒忌得要发疯了,她是那么喜欢萧老师,她哭了,说这罪过的重压一直在她心里十年,后来她做了老师,会委婉化解掉那些懵懂中的男孩子们的梦……她说自那之后萧老师就没再做老师,而是离开学校开了一家小店。

我没上前和萧老师说话,虽然我欠他一个道歉。有时候青春就像一条进山的路,鸟语花香一路享受,行走其中的人恣意张扬,没有顾忌,忽然一回首,才发现自己走错了,而,此时要想回去,已经迷失。

爱,也能成为伤害。

Part 4

走过时光，走不过的回忆

拿什么抚慰岁月苍茫

家门口新建了一个生态养殖基地,每天游人络绎不绝,我们也想去看看,但是因为近,一直想等有空,不急。没想到这一等,两年过去了,居然一次也没有去过。

周华健在《花心》里唱道:“你的泪藏在蕊中,空把花期都错过……”当时总也不明白,花期那么灿烂夺目,怎么会有错过呢?

想起去年六月回承德老家,迫不及待地跑到山上去。叔叔充满遗憾地告诉我:“你要是早来几天就好了，满山的白芍药，开得热闹。如今，都谢尽了。”惆怅突然就涌上心头，那日，坐在山顶，满脑子都是一山白芍药摇曳的身姿，花瓣晶莹剔透，香气氤氲四散。好久之后，想起匆匆忙忙的承德之行，居然满脑子的白芍药迎风招展——那些山，那些树，那些鸟，那些美丽的传说。记忆中唯一剩下的，是未曾有缘相见的漫山白芍药。

于是，更关注花期，终于，赶上了平谷的桃花，置身其中，粉嫩娇艳，人间四月芳菲尽，山寺桃花始盛开。果然是美极盛极，浩渺无边，蓝天白云，天地绵亘，花如朝霞舞，心似高天阔。流连了两三天，依旧不舍。回家时被问起，却总是唯唯，那一片桃花太美了，却渐渐淡在记忆深处，留下了一片粉红色的烟雾，薄薄地藏在心里。倒不如，错过的那一山芍药，在心里招摇得更久。

花开入眼即过，花谢入心长存，得与失相连，可见，花开花谢，如人生一梦，没有什么是真正的拥有和失去。

其实，我家楼下不远处就是一片桃林，站在五楼的阳台上，不用极目，便可见一片花海如霞。每年花期一到，空气里暖风徐来，看花咫尺之遥，站在厨房里煮粥的间隙，就欣赏了。可奇怪的是每当想起看花的时候,往往已经是绿叶成荫子满枝了。赶来赶去的花期,最近的,却总是错过。就像,拥有的,从来不懂得珍惜。

想起了董小宛,那样一个幽窗独坐抚瑶琴的女子,美貌与才情都极盛,嫁冒辟疆之后甘守女人本分,敬爱公婆,善待继子,甚至将冒的原配精心侍奉。冒辟疆病重之后,她更是衣不解带,将他抱在怀里睡了三个月,最后疲累过度,红颜凋零。可是,冒辟疆在最后,心心念念的是谁呢,陈圆圆。

还有风华绝代的甄宓, 如果从来不曾得到,如果一直错过,曹丕未必不会像曹植一样爱她。可惜的是,曹植还是错过了,她在他眼中便成了洛神翩翩踏凌波。曹丕得到了她,她便成了梨花纷纷落难寻,最后曹丕为了郭女王,终是赐她一死,发覆面,糠填口,无比的凄惨。

远处观花花才解语,错过了,你是白牡丹;得到了,便成了断桥上的残雪。

想想,看花与人生有多么相似,赶上正当烂漫绚丽好花期,容易淡然在时光里;错过的,留在内心深处,总是最美;近在眼前的,往往忽略,因为距离和倦怠,总以为好风景在远处,空把花期都错过,不知不觉中便遗失了许多好光阴和好爱情。

好闺蜜的附加价值

在《红楼梦》里，林黛玉孤高自傲，大观园的主子里头，除了宝玉之外没有同性的朋友。宝钗嘘寒问暖，又送燕窝又来解闷，暗地里却在争取宝玉的使用权；史湘云联诗造句，说起来，却还是最喜欢和宝钗住在一起，喜欢宝钗。所以，黛玉是很孤单的。幸好，有紫鹃。

紫鹃和林黛玉的身份关系是主仆。可以说，紫鹃是黛玉在大观园里唯一的闺蜜、知己。

睡不着的时候，紫鹃和黛玉躺在一个枕头上说心里话，完全没有下人的谦卑与奉承，因为她是真的为黛玉好，每一句话都是一句温暖的叮咛。所以，在黛玉耍性子砸玉，所有人都来和稀泥的时候，她敢站出来说："二爷如果有三分不是，姑娘倒有七分呢。"如此赤裸裸的指责，在大观园里，没有第二个人敢对黛玉说。不说，自然不是看不出来，而是因为不敢，黛玉的性格敏感又尖刻，谁也不愿自讨没趣惹祸上身，唯有紫鹃。

这是闺蜜的第一要素：真诚以待。

大观园中的所有人都明了黛玉和宝玉的关系及心思，但是，为之付出了努力的，只有紫鹃。自己的好朋友在宝二爷心里，到底占什么位置呢？黛玉这样付出，到底值不值得？于是，她找了个机会试探宝玉，编了一套瞎话，说黛玉要回苏州了，来试探宝玉的反应。宝二爷立刻急火攻心，乱了阵脚。紫鹃被主子们好一顿批评训斥，但是，她心里是欢喜的，这欢喜，自然是为了黛玉。

此为闺蜜第二要素：舍己为友。解了黛玉的心事，却将不是揽在自己身上，颇有侠女的气概。

宝玉跑来潇湘馆认错，紫鹃隔帘看见两人拉着手流眼泪，赔不是，抿嘴一笑，退出屋子，轻轻掩上了门。

到最后，黛玉含恨而死，紫鹃出家追随，这一段友情升华到了感天动地的程度。

如此闺蜜，绝不会在你失意的时候找个机会就往你身上泼墨水，恶心人；也不会在你幸福的时候拼命揭秘你的隐私生活——要说揭秘隐私，好像闺蜜是最知情的一个人。女人间的闺蜜是什么，不就是互相用秘密收买对方的心？

女人都需要闺蜜，无论有了多美满的人生、多幸福的家庭都一样。

闺蜜分好几种，波伏娃概括为两种：女人交换秘密和食谱。交换秘密的一类，偏精神分享型，热衷于彼此倾诉，属于精神交流的范围；交换食谱，偏生活实用型，一起消费逛街研究对付男人的手段，有些实际作用。

但，紫鹃超越了这两种交换。好的闺蜜会提升人的精神领域和人性，而坏的则恰恰相反。

闺蜜的最低境界是利用对方上位，或者互相诋毁；闺蜜的最高境界，无疑，就是紫鹃了。

大观园内外，职场今昔，多少闺蜜总被雨打风吹去。但因为有紫鹃，闺蜜这种关系才仍然让我们有所期待。

爱是寂寞的种子,播撒出许多希望

表嫂的母亲前几天去世了,结束了她幸又不幸的一生。

她母亲在当年是厂子里的厂花,而父亲是一名工人,亦是英俊有型上进的好男人,两个人金童玉女,结婚的时候羡煞了好多人。

婚后,他们很是过了几年美满的日子,直到孩子出生。

在那个年代,人的观念老,生孩子,都要到婆家去生的，她便听从了婆家的话，安心到农村的老家去生孩子。可谁知道，却遇到难产，农村本来就没有好的医疗条件，等到匆匆找了马车赶到县城医院的时候，命是保住了，却得了严重的产后风，昔日聪明美丽的一个人，不但高度瘫痪，脑子也坏了。从孩子降生的那天开始，她就成了一个地地道道的废人，生活完全不能自理，不会说话，掉进了混混沌沌的另一个世界，再也不懂得爱和美好。

美满姻缘被命运蒙上了一层灰，他一个人，拉扯着一个幼小的孩子，本来已经够手忙脚乱的了，还要精心伺候妻子，渐渐变得疲累不堪。家里人和周围人都开始劝，虽然不能断了对这样一个残妻的供养，但，他毕竟还年轻，才二十几岁，正是人生最好的年华，不能被这样一对母女拖累了。于是，都开始给他物色合适的对象，给孩子寻找适合托付的人……而他却严词拒绝了。他说，作为一个男人，他有责任和能力抚养女儿，至于已经瘫痪在床的妻子，他说，我要陪她到最后。他说得深情坚定，听得人无不落泪。

他说到做到，从此后，上班时，将女儿托付给母亲照顾，给妻子在床上布置舒服，让她躺好。下班回家，先跟妻子唠唠家常，再逗女儿开心，然后做饭，母亲喂小女儿，他则端着小碗一口口喂妻子吃完饭,再吃药,然后自己再吃。

休息日,他带着她们去郊外玩,一手抱着女儿,一手推着妻子的轮椅,所过之处,无不惹人注目,唏嘘。

日复一日,在他闲暇的时候,会给她洗澡,换漂亮衣服,坐在阳光里给她慢慢地梳头,做营养的饭菜,日子就这样叠加着,距离当初医生断言的她活不过十年的预言已越来越远，她奇迹般地有了知觉,喜欢看着女儿笑,他下班的时候她就欢欣鼓舞,眼睛清亮了许多,只是有时候看着他,露出些许迷茫和失落。他只好越发地对她好,每天都抽空回来抱她出去晒太阳。冬天,将她方便的垫子垫了厚厚的棉垫,将她伺候得舒舒服服的。后来,她的手居然能动了,他就将每月的工资都如数交给她,她盯着钱愣怔,他就解释:“现在的夫妻都这样,男人负责挣钱,女人负责管钱,咱家也这样!”她就笑了,笑得满足而灿烂。

二十几年的时光转眼就飞逝过去,女儿劝父亲再找一个老伴儿,将母亲交给自己,这个时候的女儿已经成家,有了不错的工作,完全可以承担起照顾母亲的责任。可是父亲却没答应,他说:“让我陪着你妈到最后，这是我的原则！”

他一直都这样精心地照顾着她，放弃了浮世的一切繁华欲望。当世界在演绎着离婚结婚闪婚闪离的天翻地覆时，他就这么守着她，无欲无求，亦无怨无悔，照顾她，陪伴她！

30 年后，她含笑去世。30 年的风风雨雨，操劳牵挂，他已经是个满头白发的老人了，虽然只有 50 出头。

她去世半年，他开始不停地游走在相亲的饭局上，买衣服，练太极，生活很快便翻开了新篇章。在良好的状态下，不久，就跟一个同样丧偶的善良老太太结了缘。之前的所有痴情都开始被人指责，指责她刚走，他就迫不及待地找老伴儿。

可是，他就像当年义无反顾地要照顾她一辈子一样，再婚的脚步亦是义无反顾。面对女儿的询问，他说：“最好的爱情肯定不是同生共死，而是，尽心陪你到最后，然后，努力让自己幸福，绝不辜负爱，也绝不辜负生命。”

很多时候，我们只顾了尊重爱，却忘了也要尊重人性和生命！爱情，不一定感天动地，像梁山伯与祝英台那样同生共死。爱情有时候就这样简单，无论你是残疾，病痛，都陪你到最后，不放弃，不辜负。

不辜负爱,也不辜负生命!

说了陪你到最后,便谨守誓言,这样的爱谁能说不伟大呢!

相爱的时候,无论贵贱残老,均不离不弃;而分别之后,则积极寻找人生的乐趣。没有歉疚,没有颓废,没有怨尤,这个男人用他的担当,将本该萎靡的人生丰满起来了。

给生活做个美图秀秀

无事闲逛，遇到某影楼搞活动，锣鼓喧天的，门楣处飞舞着彩带红绫，一派热闹喜庆，不禁驻足观看，这一看就被吸引了，于是走进去，选了两套古装。脸上抹粉，更换古衣，摆造型，被摆弄了一番。隔天，想起来，巴巴去取了照片来，这一看吃惊非小：只见照片上的女子着古装，梳高髻，鬓插宫花，端庄如皇后；另一张，长发飘逸，纱裙摇摇，裙下云雾漫漫，手中一倾竹篮，肌肤白嫩，身段婀娜，眼波似水漾，花瓣如雨飞……哎呀呀，俨然是仙女入凡尘！一直以为时光催人，清澈已然随岁月渐远，可不成想，这照片上的美女也还是可以和明星有一拼的。遂沾沾自喜，将照片高高悬于室内，每日以美女自居，心情如飞云流水。有朋友见了撇嘴："还不是PS的结果，脸上的纹，腰间的肉，刷拉一扫，统统消失不见。再加上化妆师手法娴熟，灯光恰到好处，谁不是美女！你还真能自欺欺人！"

我知道我不是美女，难道做个PS美女也不行么？自欺欺人一下又何妨，一路上心情顺畅，看哪里都是美好的。

但凡是女人，自我感觉总是良好。但，水至清则无鱼，太纯粹的东西皆脆弱，包括感情和生活。想起了一个文友，在QQ上一直都抱怨生活难堪琐碎，婆媳不和，家务缠身，老公没有责任感，孩子不听话……她现在基本上已无心过日子，工作更是一塌糊涂，每天都在抱怨，在流水样的日子里憔悴，却没人堪怜。其实，在她的烦恼里，可以听出来，婆婆一直都在帮她带孩子，生活水准不低，老公一个人支撑着全家的开销，如果她能将生活PS一下，将无伤大雅的琐碎从眼前抹去，还是那个底子，却会好很多！

我们不愿意PS生活，每天都盯着烦恼和琐碎，是因为我们真实。可是，有时候，真实只是真实，不见得美好。既然时光一样走在前面，为何不稍稍 PS 一下，把男人的懒散和同事的刁钻轻轻抹去，只需一下，眼前便是一派明媚春光。

PS 过的照片让人记住的是一段明媚的岁月，PS 过的生活则圆润通畅。人生再靓丽，也会被岁月打上风霜；感情再浓厚，也禁不住时间之水的稀释。再 PS，则你还是你，不可改变，只不过是稍加修饰。要知道，美的东西都是要修饰的。

Part 5

你永远不知道，下一刻会有多美好的事发生

我家的圣诞老人

早晨,阳光甚好,心情也是各种好,我开始收拾家务,用一块干净的毛巾擦拭台式机,中断了妞在电脑上看的动画片，她要求在我的笔记本上接着看,我答应了。

她开机,浏览,忽然沉默下来,抬起头望着我:“妈妈，你说，这世界上根本就没有圣诞老人是不是？每年的圣诞老人都是你装的！”

我一惊,想起了忘记关掉的网购记录。

回头看她,小脸上满是委屈,眼睛里潮乎乎的,声音都变了，还在问："妈妈你说是不是？"

我一阵慌乱，忙低下头收拾东西，佯装平静："什么啊，干吗这样问？"

妞说："去年圣诞老人送给我的 KK 喷喷笔，根本就是你网购的，这里还有交易记录！"

我小心翼翼观察着她的脸色，那是一种美好梦想破碎的失落和伤感，泪水都要出来了，我第一次看到她出现这样的表情。

我不敢说话，她的智商已经完全不能哄骗了，但我觉得还是要说些什么，就说："其实……其实圣诞老人不一定是你以为的圣诞老人……"

妞继续着美梦破碎的委屈和绝望，喊道："你是骗子，这个世界上根本就没有圣诞老人！"继而，眼泪掉下来了。但她竭力忍着，很委屈。

我不敢辩解，用干活儿掩饰着自己的情绪，像是一个负罪的人。

这件事对她的伤害太大了，整整半天都沉浸在伤心里，不肯理我。

最初扮演圣诞老人半夜偷偷在妞的枕边或者阳台上藏礼物的时候，我都没想到我家傻妞会信到九岁。

是的，九岁。

作为一个喜欢看娃开心大笑的妈,我经常会跟自己斗争,比如买菜路上遇见卖烤鸡腿的,金黄喷香,妞最爱吃,就会站在那里纠结:给妞买一个吧,她见了肯定特别开心,也许还会跳起来;或者,买两个吧,她更开心一些;不成啊,这东西是垃圾食品,吃了不好;为了娃开心,又少受一点伤害,那就买一个吧!

为了看她圣诞节早上起床看到礼物的开心模样,我一直都致力于极尽渲染圣诞老人的真实性,她有好几次开始怀疑,跟我说:“根据科学,圣诞老人是不可能存在的。”而我则说:“人类世界有太多的未知,反正我也觉得应该没有,可是你怎么解释圣诞老人给你送礼物这件事?你又没看见我们给你买过是不是?再说了,只有圣诞老人才能猜到你心里想的是什么啊?妈妈又不是你肚子里的蛔虫。”

妞想想,点头。

后来她又开始不信了,因为她到学校里显摆圣诞老人送的礼物时,总是会遭到同学的奚落。她所有的同学都没有收到过圣诞礼物,她跟人辩论,还把一个个同学请到家里来向我求证!

我只好一次次面对着那些真诚的笑脸撒谎道:“啊?圣诞老人啊,应该有吧,因为我家妞老是收到礼物呢。来，你们吃水果。”

之前那么多的圣诞节前夕，提前一个月或者更早，我就会像一个训练有素的特务般，各种打探她想要的东西。

买早了怕被发现，常常是12月23日下午，我飞奔在小城的各个角落，寻找最漂亮的礼盒和包装纸来装饰“圣诞老人”送来的礼物。然后便像做贼一样，偷偷把买来的礼物藏在衣服里拿回家，以迅雷不及掩耳的速度藏在柜子顶上或者别的她够不着的地方。

12月24日早晨，是她一年中起得最早的日子，常常穿着睡衣就会跳起来，跑去阳台，发现礼盒时会“哇”地一声大叫。

去年，她收到的是KK喷喷笔；前年是一条公主裙；大前年是一大盒巧克力……

如今，世界上没有圣诞老人这件事已伤透了她的心。她不信圣诞老人，不信童话，再也不会信了。

尽管知道这一天总会到来，还是有些心疼，也有些无助，我没办法给她营造一个永远的童话世界。那种梦碎的无奈和成长，总是这样一点点击碎了浪漫的泡沫。

在今年圣诞节前，妞说：“妈妈，反正圣诞老人都是你扮的，今年我就把礼物先说了，你提前送我吧。”

哎，她终于走出失落了，于是我屁颠屁颠说：“你说吧，要啥？”

她要了一堆假的铜钱，好几百个。我皱眉想了想，又征求了群里姐妹的意见，决定给她买这些没啥用又奇怪的礼物，以弥补她因为失去圣诞老人而失落的心。

收到铜钱的妞很开心，每天都会数来数去，随着圣诞节越来越近了，妞开始常常自言自语：“今年圣诞节真是没意思，礼物也没有了。”我心里感叹，就不该老早给她买，这么早收到，喜悦也挥霍光了。

12 月 23 日晚上，她回房间睡觉，又出来对我说：“妈妈，不然这样吧，我把这些铜钱都包起来放在阳台上，这样我第二天早上起来就能又收到圣诞老人的礼物了。”

我望着她微微失落的眼神，说：“不用这样自己骗自己吧。”

她说：“那好吧。”

第二天早上我起床，妞像往常一样，已经坐在沙发上喝奶吃早餐，目光平静，没有期待。我走过去，将窗帘拉开了一角，天还黑着，地台上模糊一片。

我一边嘟囔：“天怎么还不亮？”一边又将窗帘拉得再大一点，更大声说：“咦，天怎么不亮？”

妞看了我一眼，“哇”地一声跳起来—— 一盒巧克力上面放着一个所有女孩子都喜欢的那种漂亮的心形纸盒子，装饰了蝴蝶结和蕾丝边儿——盒子里面放了一个苹果——我特意跑到超市挑的那种，印了“圣诞快乐”四个字的苹果。

我也跟着大叫：“哇，圣诞老人又来了耶。”

亲爱的宝贝，人间或许没有圣诞老人，但也还是会有惊喜。

她开心地上学走了，手里抱着漂亮盒子，出门前，向我挤挤眼睛：“妈妈，圣诞老人会不会把礼物放到你枕头下面了呢？”

我迅速冲向卧室，掀开枕头，果然躺着一张漂亮的贺卡，是有封面那种，上面写着：“妈妈收。”落款是：“圣诞老人送！”里面写着一句英文：“圣诞老人就是爱你。”还画着一个歪歪的小笑脸。

我的眼睛有些潮。

童话会幻灭，爱却一直延续。失去一些东西，又获得一些东西，人生交替往复，这一种爱总是连接着另一种爱，所有的过往，都如此美好；所有的未来，都值得期待。

总是不经意，
遇到最美的时光和最美的你

在街上遇到失散多年的旧友，就近找了咖啡厅坐着说话。十年时光，她似乎还是那时的样子，神态肤色，都宛如少女，只是谈吐中多了些稳重成熟。

午后时光流动，岁月很快衔接，想想曾经的我们，一起做梦，一起谈恋爱，转眼，便都成了孩子妈，直奔中年妇女，上有老下有小，中间还有个满身毛病的老公。

我盯着她仔细地看，时光似乎在她身上停止

了,她直发,刘海,肌肤白嫩水灵,最美的是眼睛,流动着笃定和清甜。

你是怎么保养的?女人的话题很快便从际遇转换到了容颜。

她一笑:“不保养才是最好的保养,任何化学用品都是虚无的,我不迷信这些,天生的吧。”

我嗤之以鼻:“太小气了吧?这都不说?”

“真没有。”她眼睛里流露出真诚。

周末,去她家里做客。她的家简单温馨,我们坐在沙发上闲谈。午后的阳光温暖亮丽,男人忙碌着沏茶,十年前就是这个男人,如今被岁月赋予了一些淡定和小肚腩,其余的一切都无改变。

我们悄悄说私房话儿,不让男人听见,女人的心都是相通的,十年婚姻磨平了浪漫和深情,随之而来的都是琐碎。她说男人不爱做家务,赚钱少;我抱怨男人迷恋游戏,常常彻夜跟电脑拥抱却把我冷在一边。柴米油盐多可怕,慢慢就覆盖了我们飞扬的梦想和青春,还有爱情。

谈笑中,一个小时过去了,男人将旧茶换走,端了两只小碗过来,骨瓷小碗,纯白汤汁,上面飘着细小雪白的花瓣儿。

“是什么?”我问。

男人说:“是百合薏米汤。”

“为什么喝这个?”

她说:“习惯了,每天他都会煮两碗。饮食跟婚姻多相似啊,久了,就成了习惯,也难说有什么好处。你也尝尝吧。”

男人说:“谁说没有好处,是你不知道罢了。百合除了含有淀粉、蛋白质、脂肪及钙、磷、铁、维生素 B_1、维生素 B_2、维生素 C 等营养素外,还含有一些特殊的营养成分,如秋水仙碱等多种生物碱,营养滋补,养心安神、润肺止咳、美容养颜、防癌抗癌。而薏米则更厉害了,美白、抗老化,薏米中含有一定的维生素 E,是一种美容食品,常食可以保持人体皮肤光泽细腻,消除粉刺、色斑,改善肤色。你以为别人为什么见了你都说年轻,保养得好?”

朋友听着男人的介绍,惊讶:“你怎么从没跟我说过?你怎么知道的?”

男人说:“我从古书上看来的,古代许多妃子都这么吃。再说了,告诉你做什么,你每天负责喝就好了。”

说完,他转身走了,去厨房忙碌。她悄悄笑:“赚钱少的男人,总和厨房有关。”

我端起小碗,喝一口,加了冰糖,清甜美味,有淡淡的百合香和薏米的乡土味儿。

对朋友说:“你呀你,还说没有保养!”

她一笑,很幸福。

还有什么比这更精心更好的保养?多年如一的爱化成百合薏米汤,养颜,也养心。

告别的时候,我跟朋友的老公要了制作方法,他工工整整给我写在了纸上。

回家,将这页纸放在那人手边。

他正在玩游戏,问:“什么东西?”

“爱情汤,男人给女人煮的。”我背着手,一本正经。

他哈哈笑:“你又出什么怪招,煮了有什么好处?”

“你会得到一个越来越美越来越爱你的老婆!”

“啊?真的啊,那我试试。”他关闭游戏,开始研究这简单的秘方,我知道他演得很夸张,但是生活就是戏,认真演就会很好看。

从此后,每天下班回家,拉开冰箱,便有小碗乳白的百合薏米汤放在固定的位置,一样的清甜美味,一样的似水年华,一样面对一个玩网游的男人,却又分明不同了。

我给朋友发短信,篡改了沈从文的话,我说:

“幸好,在最美的时光里,遇见了最美的情。这记忆和曾经,不会改变。”

沈从文说的是:我看过很多地方的云,走过很多地方的桥,喝过很多地方的酒,但只爱过一个正当好年华的女子。

她回:“有一种汤,营养美味。有一个人,不辞辛苦,愿每天煮给你喝。我们都遇见了,共勉。”

女人的青春总是耗不起,仿佛是一刹那,就过去了,如飞烟如流水。因为短暂,所以珍贵,每一个少女都希冀着在最飞扬的青春里爱上一个人,被一个人长长久久地爱。长发飞扬如云,白裙飘逸成花。但,婚姻太实际了,总会带走这些浮华和美好,会变老,会倦怠,会琐碎,会庸俗。

岁月又是公平的,总会掠过这些浮华,留下一些什么,哪怕只留下一碗养颜的汤,经年累月,滋润着身心和烟火的过往。

最美的时光里遇见最美的你,已经是生命的馈赠,还附加了一碗美容养颜汤。哇,你会觉得,一切都是美好的,爱情就在身边,从来未曾改变。

你这么理直气壮背叛自己，真的很傻

他们曾经是一对金童玉女。她喜欢吃核桃,他就准备了只小罐子，天天砸了核桃仁来给她吃;他爱玩游戏,她从来不像别的妻子那样,在他耳边唠叨,而是在晚上准备些夜宵放到他面前……他们出门从来都是拉着手，亲亲热热，一副爱不够的样子。整个小区的人都认识他俩,就因为他们的恩爱和谐。

但是,爱情的最大敌人是时间,时间缩减了生命，也拓宽了视野。相爱的第五个年头，他爱上了另一个女子，那个女子有着婉约和清秀。对他来说，真的是不可错过的爱情。他跑回来跟她说，对不起，我爱上了别人，希望你成全！她大惊，继而大闹，哭着摔碎了家里的所有东西。他被骇住，只好回归，却渐渐沉默。

半年后，终于被她抓到出轨——和那个据他说十分美好的女子。她的心惊之后，凉了！从此，所有的温馨不再，家里充满了浓浓的火药味道，她找一切机会声嘶力竭地控诉，控诉他的背叛，他则一副做错了事的无奈与卑微，整日都低着头，几乎包揽了所有的家务。可是，背叛似一枚烙印，无论怎样也难以洗清。

她不知道他有着怎样的艰难抉择和伤心，只知道，因为离婚不成，那个女子已一个人远走美国。

时光冰凉，多年后，他们仍然保持着夫妻关系——她仍然处于强势，因为遭遇背叛，他也依然沉默，因为错误在先。

她对他的沉默与倦怠不满，整日横眉立目。终于，在她再一次的"讨伐"时，他脱口而出："我背叛了你，可是我也背叛了自己，我一直都在爱她！"

她在他的理直气壮中惊呆了，眼泪噼里啪啦地落了下来。原来他心中所谓的背叛，是双向的。

背叛他人，无疑是不道德的，是自私的。那么，就只好选择背叛自己，这是我们的道德标准。她在这样的标准面前指责，而他则在这样的标准面前沉默。指责衍生烦琐，沉默助长怒怨。不知道有多少人在这样的情绪里煎熬着。

我们常说，要有道德地去爱！可是这个道德标准真的很难界定。

因为背叛了自己，往往会在心里留下伤痕，对对方同样是不公平的。真正磊落有道德的情爱应该是这样的：我不爱你了。马上来说对不起，遵从自己的内心很重要，至于责任，都是成年人，我们只需要对自己的爱情负责任就好了！然后转身离开。不要以分不开的理由背叛他人，也不要隐忍着痛苦背叛自己！

背叛他人，就不必说了，必定不是好的情绪。而背叛自己，则会冷落对方。所以，所有的背叛都是可耻的，包括背叛自己！

美好是一种能力

她是我小时候最特别的玩伴，特别到她连一个名字都没有，随便喊她一声丫头或者娃子。后来受伤后，人们就干脆喊她瘸丫了。

她五岁的时候，妈妈得病死了。她张着幼小的手臂，护住妈妈的身体，不让前来帮忙的乡亲将妈妈放到棺材里去，爸爸躲在后面掩面大哭。

两年后，家里来了一位后妈。那年冬天，后妈同爸爸一起出门，将她反锁在了屋子里。她耐不住冷，点了火来烤，结果，将屋子弄着了火，她在焦急中用竹盖、用棉被去扑火,结果,火越烧越大,等村民赶到砸开门锁的时候,她已经被大火烧得面目全非。

贫瘠的小山村,医疗条件也差,何况,也没有钱,在贫穷与愚昧的重压下,人心也都蒙上了厚厚的尘垢。卫生所的大夫只帮着上了点烧伤的药膏,便又将她送回了家。

没有人认为她会活下来,而严重烧伤后的她,在炕上躺了半个月后,伤疤痊愈,活了。只是她的左胳膊和左腿因为缺乏常识和医生的指导,伤口天天连着,竟长出了皮肉,连在了一起。从此,她失去了左边的胳膊和腿,只好佝偻着身子跳来跳去,连走路都困难。

爸爸在她还病着的时候,便对着烧毁的家,跺了跺脚,领着那女人走了。

从此,年幼并且残废了的她只好跟着叔叔婶婶讨生活。

无论残疾与否,时光都不会停止流动。她渐渐长大了,虽然身体愈加佝偻,永远像个孩子,可是,眉眼已经灵动起来,有了逼人的青春风韵和光泽。

她学会了用一只手缝很精致的沙包;梳两个漂亮的大辫子,在辫梢系上一对火红的蝴蝶结;会割草;会跳来跳去地在婶婶的指挥下做饭。

没有血缘亲情相依，尽管她用一只手能将所有家务做得漂亮利落，却仍然不是个讨喜的女孩。所以，早早地，就被婶婶定下了亲事。

定亲后，她常在傍晚从婶婶家的篱笆小院里“跳”出来，痴痴地望着放学归来的孩子，晚霞映了她淡蓝花布的衣服，是很好看的。这时，经常会有调皮的孩子尖着嗓子喊“瘸丫头，丑八怪，瘸丫头，丑八怪”！而她总是默默地“跳”回家去，关上柴门，将暮色笼罩的美丽世界关到外头，留给人们的是一个小小的淡蓝色背影，和一对飞舞着红色蝴蝶结的大辫子。

她嫁人的场面很简陋，男人老且丑，但看得出，她含了满脸的期待。那天，她穿上自己精心缝制的红嫁衣——如果没有手臂和腿的残疾，定是个娇美的新娘！

但，这样一个女孩子，不幸造成的烙印，深深印在了她的身上。

没有人认为她还会有什么幸福可言，能活下来、有一个家，便已经不错了。

结婚三年，她就执意离了婚，又回到了叔叔家。据说是男人经常打骂，但，更深的原因，应该是没有爱吧。

婶婶的脸色更不好看了，她就拼命干活儿，以讨婶婶的欢心。

几乎所有人都觉得她是疯了，因为这样的情况，纵使受点气，也该忍下去。只有她自己，仍一如既往地沉默着。

不久，让人想不到的事发生了，她竟然谈起了恋爱，和本村的哑巴。哑巴，二十多岁，除了不会说话外，是个很正常、英俊的小伙子。找到了真心相爱的人，她脸上的笑容越发灿烂起来。

后来，她和哑巴顺理成章地结了婚，过起了恩恩爱爱的日子。婚后，哑巴凑了钱，带她到县城大医院，割开了手臂与腿相连的那层皮。很小的一个手术，却折磨了她十几年。术后，只休养了一个月，往昔的瘸丫头就成了一个正常的、俊美的少妇，并很快生了一对双胞胎儿子。

如今的她，丈夫疼爱，儿子健康，连婆婆都把她当女儿来爱，日子幸福得似蜜甜。

我们惯常的思维，都觉得幸福是天上掉下来的馅儿饼，砸到谁就是谁。可是，并不是这样的啊，幸福不是馅儿饼，不是幸运，幸福是一种能力。有这种能力的人，无论处在什么样的境况下，都不会停下争取的脚步！

一如，她少年时头上飞舞的蝴蝶结，青年时的毅然离婚再嫁。幸福，往往只眷顾那些有能力追逐它的人！

岁月静好是什么味道

相识之前，他和她都有过一段不理想的爱情，爱中受的伤，往往要在另一场爱中补回来。他们就是这样，分外地珍惜这一份情缘，爱得如痴如醉，一刻也不愿分离。

那时，他们住在一个小街区的平房里，温馨而甜蜜。哪怕是出去买一把小葱，他们也要一起出去。他总是轻轻地揽着她的纤腰，她也将手臂伸到他的臂弯里，一切都是那么妥帖自然。他们在小街上来来去去，上班，下班，买菜，散步，互相搂抱着，满脸都是甜蜜。

一天，他们又相拥着去一家小店买塑料桶。刚走进店里，服务员就热情地迎上来，熟络地招呼着："是你们啊，需要什么东西吗？可以打折的。"她有点诧异，自己从来没来过这个店，也不认识这个店员啊，怎么他这么熟识的样子。买完了东西，店员真的给了他们一个优惠的价格，这让她百思不得其解。

后来，他们无论是去药店买药，还是去小吃店吃一碗面，店主都是如此热情而熟络地招呼着："是你们啊，来吧来吧！"甚至会有人迎面跟他们打个招呼："出去啊……"他们心里有小小的疑惑，怎么这些人都这么熟络呢，要知道他们根本无暇跟大家交往的啊。后来忍不住好奇，她就问："你认识我们？"那些店员几乎都笑呵呵地说："认识啊，你们感情真是好啊，每天都一起出门，我天天看着你们羡慕着呢，怎么会不认识！"

原来如此，她羞涩地笑了，想小街上人来人往，人流像电影画面一样不停地变换，如果不是因为甜蜜的爱情，谁会记住他们呢！爱，原来是一道美丽别样的风景。

日子流逝，他们的生活日渐丰腴，就搬了家，离开了小街区的平房，住到一个新的小区。他们不能再一起出去了，因为她生下了宝宝，每天都在家里忙忙碌碌的，整个采购的任务都落到了他一个人身上，买菜，做饭，上班，日子像流水一样。偶尔闲暇，她也会怀念起从前的日子，那么形影不离的甜蜜，做别人风景的美好。可是，日子回不了头，总有小小的惆怅。

这样的日子过了两年，那天，他出门买菜出了点小车祸，腿被碰了一下，打上了石膏，行动不能自理了。她慌忙把孩子托付给母亲，开始认真地照顾他。

第一次买菜，她觉得身边空空的，有些别扭，因为两年里，都是她在家里照顾孩子和自己，由他买菜的。

进了市场，嘈杂让她有些不适应，不知道哪个摊子的菜更鲜灵、哪个小贩给的斤两足。转呀转，她刚要就近随便买点，就听旁边菜摊上一个老太太叫道："大妹子，你是买菜吗？到这里来买吧，你先生每天都在我这里买蔬菜，在前面那个小店买肉。"她惊讶，问："是叫我吗？"老太太笑出了满脸褶子："可不是叫你！"

她更疑惑了，我从没来过这个市场，你是怎么认识我的?

老太太笑着说:“因为你先生把你的照片放在钱包里啊，他每天买菜的时候都会从钱包里拿钱。这样,我几乎每天都能看到你的照片,你说,能不认识吗?”

她心头一热,眼睛就湿了,没想到,看似那么无趣的日子里,他们依然是人们眼中爱的风景。

好的爱情,是永远的风景,无论是自己欣赏还是旁人远观。明白了这个道理,她便更加珍惜他带给自己的这份爱和生活了。

不持有的人生，轻松前行

闺蜜最近走了桃花运，邂逅一多金钻石男，此男风度气度俱佳，浪漫多情，游离在爱人与情人之间，女友很纠结，却都不舍！对这样的事情，女人的免疫力是很低的。但，游离进退皆不会自如。

女人总是贪心的，喜欢保留每一份爱和宠，喜欢收集所有的记忆。记得小时候，最喜欢看奶奶抖开樟木箱子，那里面放着满满的小物件，一块青绸，一柄圆镜，断了一截的玉簪，只剩下一只的耳坠……每一件都诉说着时光的故事,都再也不会在这个世界上派上用场。

女人的一生就像一条河,那些物什与情感被时光挟裹着,沉淀在心灵里,成了无法摆脱的杂质。

这个女友贪恋的两份情感,奶奶一生的琐碎收集,都是如此吧。想想自己又何尝不是呢,拼命追逐时尚,衣服,包包,畅销书,连同一份暧昧……却没觉得因了这些负累,前进的脚步已经变得越来越慢。

偶尔看到这本书《不持有的生活》,突然豁然开朗起来:超过自己管理能力的物品,不持有;尽可能不申请会员卡;无法回归自然或者转让他人的物质,不持有;和自己或自己生活不相符的物品……我认为,他要讲述的,不一定是物质,还有情感。

那些不断买回来填充空间的衣服,书报杂志,化妆品,还有光怪陆离的暧昧,一夜情,网恋,像泡沫一样,堆积占据着我们的空间,看似美满丰富,却毫无养分。对于女人来说,不持有,是最好的方式。几身好衣服,一柜子好书,三五好友,一个贴心爱人……足够。闲暇时,清茶半盏,淡酒薄欢,减去诸多的烦琐,还生命以通透。不持有,清点生活爱情的杂质。将不再穿的旧衣服,一件件清洗,打包送人或捐出去,还衣柜以清爽;不持有,将看过的杂志,送到旧书店去,让更多的人受益,不必堆在书柜里蒙尘;不持有,远离情场上朦胧的暧昧,爱一个人,睡一张床,水云之下清心如许,红尘之上欲减身轻。

太丰饶了,不管是土地、物质还是爱情,都会让人产生麻木。心如清水的女人,永远都是一种健康明媚的心态,远离刻薄与庸俗,远离无知与依赖,走在岁月里,走在平凡中,静静守候四季。

水本无忧,因风皱面;山本不老,为云白头。不持有,似放则收,不必有,便不持有,心如清水剔透,轻装上路,一路洒脱。

一个小小拥抱到底有多大的魔力

一个男人曾经给我讲过这样一件事。

说实话，对于妻子怀孕，我真的一点准备都没有。我们刚刚结婚的半年，正处于亲亲我我的状态，对于我这样比较保守的男人来说，婚后的性事就是那五月的花开，正是美丽烂漫时，不让开的话，整个春天都会黯然失色。

可是，妻子想要这个孩子，父母也很期待，我只好认同了。

以前总听人说，怀了孕的女人不可理喻，自己还不以为然。可现在才终于发现，温柔贤惠的妻，随着怀孕，脾气越来越古怪，比如说在怎么生孩子这件事上，我说顺产，她就哭着说我是为了省钱；我连忙说那就剖腹产，她仍不依不饶，说我不顾她的死活……我的头都大了，不但不能亲热，还要承受妻子的古怪，本来甜蜜的生活被搅得一团糟。

所以，当妻子又一次吐得翻江倒海后拿我撒气的时候，我说："怀孕的女人都这样，女人自古就是这样过来的！"

妻子听了我的话，泪水一下子弥漫出来，湮湿了脸颊。我后悔了，但是零零碎碎的烦躁袭来，我没有道歉。她也转身，回卧室去了。

坐下来，看电视，上面正演着一个女人怀孕后，她的丈夫出去找女人，对她说，连拥抱都有距离，对她的丑陋表示厌弃。女人躲在窗帘下的影子里，双手抚着肚子，暗暗垂泪。我的心上忽然一酸，如果说怀孕生产是上天要女人承担的疼痛，那么，给女人柔软的心上增添伤口，就是男人的粗心了。

想着，我轻轻走到卧室里去。妻子正在睡午觉，侧着身子，硕大的肚子让她的身体失去了平衡，她一只手托着腰，姿势别扭，看起来很不舒服。我将一个软枕头轻轻塞到妻子的腰间，每天夜里，她就是这样睡觉的,翻身的话要喊我帮忙,有时候看我睡得熟,她睡累了也不忍叫我,等我醒的时候,她的半边身子都睡麻了……我凝视着妻子的睡容,发现她睫毛上还挂着泪珠,伤心委屈的样子。就轻轻躺在她身边,将她揽在怀里,让她沉重的身子能靠到我的身上,减轻一下重量。

我的手叠在她的手上,两双手护着隆起的肚子,那是我们共同的宝贝!她醒了,但是没有动,假装熟睡。

我说:“从今往后,我天天都这样抱着你睡。”她不言语,眼睛却湿了。那天,妻子睡在我的怀里,安静、美丽、温柔,完全回到了结婚前的小女儿情态。

我再不会说自古女人都这样的蠢话,每个怀孕的女人都应当得到呵护、宠爱和包容。怀孕的女人也许并不可爱,脸上的斑点,腰围的凸起,脾气的古怪……可是,那不是她的本意,那是因为你给她的关爱少了。

上天赋予了女人一份怀孕生子的辛苦和神圣,同时也赋予了男人包容理解和担当。所以,不要装作不知道,这份担当,不要隐藏,不要忽略。它是幸福的筹码,是男人女人世界对等的天平。

我在他的故事里获得启发,克服了羞涩和傲

慢,学会了在争吵的时候给亲人、爱人一个拥抱,什么也不用说,一切便都化解了。

只要愿意,何时的拥抱都不会有距离!

幸福就是一盏为你点亮的灯

加班到很晚，回去的时候已经是半夜两点钟。公司的车子停在小区门口,我下车,自己往回走。发现后面跟了一个鬼鬼祟祟的人影,我慌了,本能的,加快了脚步,转过 2 号楼,我家的窗户出现在视线里,一片黑黝黝的背景下,雪亮的白炽灯,自阳台上洒下一片温和的光,忽然就不害怕了。站在这片光晕里,回头,与那个跟上来的人影对视。片刻,他转身走了,大概是觉得半夜里亮这么一盏灯,一般时候,灯的下面,会有没睡的人。

可是,只有我知道,那只是一盏为我留起来的灯,家人早已经带着孩子睡觉了。

无论多晚回家,一抬头,那盏永远亮着的灯光都会在心里激起温暖的涟漪。

关于这一盏灯的故事,却是从小时候就开始了的。

三年级的时候,我迷上了看课外书,每天到处去借,晚上回家看。我妈为了省电,很少开灯,我便跟妈妈据理力争:“我只看一个晚上!”妈妈勉强同意,结果,我一晚上看不完,两晚上也看不完,家里维持了许多年的秩序都被我打乱了。

那天,我借到了一本武侠小说,简直看入了迷,不知不觉十点多了——冬夜的十点钟,已经是很晚了。妈一觉醒来,发现我还开着灯看书,一下子怒了,大声命令道:“赶紧关灯睡觉!”我顶嘴:“我又不是玩,我是在看书,人家家长都巴不得孩子看书呢!”我妈说:“人家是人家,我是我,我就是不许!”

妈向来脾气不好,看到我顶嘴,怒了,一抬手,把灯便关掉了。黑暗突如其来,我的倔脾气上来了,起身披上外套就往外走。妈在后面焦急地喊:“死丫头,你去哪里?”

我不管,一个人低着头走,向茫茫夜色中走,我觉得妈根本就不爱我，为了省一点电，居然骂我。

那天晚上的结果是妈急忙穿了衣服出来找我，爸下了夜班又将妈骂了一顿，两个人折腾了一夜，也开了一夜电灯。凌晨的时候，爸爸拉着我的手，进了门。

从此后，妈再也不管我晚上开灯看书了。为了我的眼睛不至于在低瓦数的昏黄光晕下把视力搞坏，又给我换了一百瓦的灯泡。

两年后，我在衣柜底层翻出两张泛黄的卖血单，爸爸才告诉我，那时候，爷爷、奶奶、姥爷都有病，妈妈又没有工作，日子太艰难了，妈妈就偷偷去卖了两次血，一次给姥爷做药费，一次全部做了那一年我用掉的电费。

大学毕业后，我没有出去找工作，而是自己创业，其中的艰难可想而知。好不容易把公司维持下来，又遭遇了金融危机，那几天，我心烦气躁，嘴上长了一圈泡，每天都唉声叹气的。

一天半夜，我睡不着，披衣出门，小区里静得可怕，只有我家窗口透出一片灯光。是妈妈听到我出门打开的吗？我昂着头，盯着那片光晕，眼睛微湿，想起妈妈卖血的单据，想起执意创业的时候爸妈拿出一生的积蓄交给我，想起那么多个日日夜夜，这盏灯，就像是父母的眼睛，默默守候着我所有的喜怒哀乐，人生起伏……那一刻，心，忽然安定下来，这灯的默默守候多像父母的期待，我有理由不努力吗？

家就是一盏点亮的灯，无论是多远的路、多忧伤的心，见到暗夜里给自己开的那盏灯，心上的花便会缓缓开放，开成圆满的幸福。

如今，我事业稳定，也成了家，她亦是保留了父母的习惯，无论我回去多晚，还是习惯给我点亮一盏灯，照亮我回家的脚步，因为知道我怕黑。

茫茫尘世，追不上的物质享受、飘忽的情感指数都会降低我们的幸福感。但，只要夜里还有一盏灯是专门为你亮起来的，就有满满的幸福。

戏里人生好风景

午后，歪在阳台上看书，躺椅不舒服，翻来覆去，索性起来洗衣服。窗外传来悠长的黄梅调："驴打滚真好吃，又香又甜又热乎……"自远而近，仿若有人一点点扭大了音响的旋钮，那声音是均匀漫过来的，和了满天的夕阳。

是那个老人，矮瘦，一张圆脸，永远带着笑纹，骑了一辆半旧三轮车，悠哉而至，车上，是他亲手做的小吃，驴打滚。他从不吆喝，而是唱黄梅调，自己编词儿。或者随便是什么流行歌曲，他都能改了词唱成驴打滚，这一片小区里所有的人都认识他，一是因为他卖的驴打滚好吃，外面裹的是真正豆面作料儿；二是因为他的黄梅调，在每天的平淡时光中，老人随意唱出来嘹亮悠扬的黄梅调好像是万绿丛中的一点红，带着无来由的喜气，感染着因忙碌和疲惫而麻木的心。

我欣然顺着老人的黄梅调下楼，手上捏了几元钱。老人停下车子，撇一眼我手里的钱，掀开盒盖，手起刀落，眼花缭乱中，他的右手已经拈过一张纸来包裹了一块来放到小秤上。虽然每次买都要称，我却知道，他这一刀，准会不多不少，刚刚好！整个过程不到半分钟，干脆利落一气呵成，看他卖东西，就像是看艺术表演，无论多少人买，也不会拥挤，只见刀光飞舞，沙沙，片刻功夫便已经是人手一份。旁边有人问："为什么不去做点别的？"老人呵呵一笑："一生只做一件事，这一件事我还没有做到最好呐！"有人还想同他说两句话，总有人想和他搭话，包括我，可是，他已经跨上三轮车，挥手而去，一路洒下嘹亮清爽的歌声："我卖啦卖啦卖啦，驴打滚来真热乎，吃了你就还想吃……"这回，是小沈阳新歌的调子！

听人说，这个老人痴迷黄梅戏，却终究无缘学习，一辈子以做驴打滚为生。30年里，他一辆小小的三轮车，一副好嗓子，已经供出了三个上大学的儿子。如今，大儿子已经工作，两个小的在上研究生。

左手玫瑰人人向往，可是右手青菜却总被质疑。这个老人，将凡俗和梦想、琐碎和闲逸自然地融合于一体。他围绕着小城，唱着黄梅调，风雨里来去，车上是美味的驴打滚，是烟火人生躲不开的日子；而心里，却装着七色彩虹，是所有梦想、骄傲和乐观，是高山流水般的清雅、美好与悠然。

任何微小的快乐习惯，如果能持续一生，也会成为伟大的事情。于是，本该烦琐丛生的日子，却被老人活出了艺术的味道。

矫情这种病要个孩子就好了

情人节，见一个小伙子一手执玫瑰，一手拖了个一人高的加菲猫娃娃，脸上是掩饰不住的幸福流淌，娃娃的头上系了招摇的蝴蝶结。不禁莞尔，几年前，也曾有男孩这样欢喜着，奔向我的怀抱。

爱中的女人，能欢心的不仅是玫瑰带来的花语，还有娃娃带来的温柔触动。

女人对娃娃的情结是从一出生就注定了的，当襁褓中的女孩子睁开明亮的眼睛，妈咪准备的玩具里便一定有一个长着大大眼睛的娃娃。我的第一个布娃娃,就是妈妈缝制的,艳粉的衣裙,大大的眼睛,两个小辫子翘翘的,我搂着它入睡,每日里对它喃喃细语。娃娃,从来都不是女人的玩具,而是伙伴。

后来有了芭比,公主的高贵与美丽,一应俱全的生活道具,把因年龄禁锢的梦想一层层释放。芭比在女孩子手中,受到的是最精心的呵护,穿最好看的衣服、住最精致的房子。女孩子,总是幻想拥有更多的娃娃。而这些或可爱或调皮的娃娃,大都是别人送的,生日,各种节日……长辈们都爱送女孩子娃娃,就是成年后,男朋友也喜欢宠溺着将各种娃娃搬回家来。

一个灰色的小树袋熊娃娃,脖子上系了条纱,造型是那种回眸一笑的样子,是一个很好的大哥送的。他说,这么可爱的女孩子,实在应该拥有这样一个可爱的娃娃,于是,买给了我!后来一个喜欢我好久的青涩男生,拎了红色的巫毒娃娃来,说,他在巫毒娃娃身上刻了愿望——希望跟我一生相伴,很灵的!那个巫毒娃娃,豆粒一样的黑眼睛,有些邪恶的样子,很丑,但是因了那个可爱的愿望,我把它留了下来。

在金色的年华里,总是会收到各种娃娃——昂贵的芭比，软绵绵的小白羊娃娃枕，挥着大耳朵的兔子娃娃……女孩子需要的爱，总是更多些。而娃娃，正好迎合女人细腻柔软的天性。

再后来，收到的娃娃就少了，开始给别人送娃娃，同事的女儿，外甥女……娃娃如流水时光，在女人手上辗转，新的人，旧的故事和喜爱，往复循环。蜗牛爬得再慢，仍然会跑在时光的前面，所以，时光是过不去的，就像娃娃，是女人的情结，过不去，并与年龄无关。

如今，娃娃已旧，年华流走，人多远去，但爱仍留了下来。那些娃娃，已成为叠加的记忆。

在成长的过程中，社会的喧嚣，男人的辜负，时光的摧残，总有一样东西会拿走女人的率真和单纯，但娃娃却会让女人记住曾经干净如水的一段岁月。

女人在家里应该怎样穿衣服

周末，睡到自然醒，胡乱套了衣服到小区门口买水果，偶遇公司男同事，知自己形象欠佳，只好左躲右闪，仍给遇个正着，虽然人家有涵养，招呼打得自然有礼，我却还是敏感地在他的眼角眉梢看到了惊讶。是啊，平时在公司多么光鲜亮丽的一个女子，宝姿套装，百丽新款小皮靴，永远保持着得体的微笑，耳上的一小粒钻熠熠发光，标准的都市丽人形象。哪里像现在，松松垮垮的套头衫，头发胡乱披在肩头……简直是逃也似的回到了家里。

跟老公说起此事，他不屑道，看见一次怎么啦，我可是整天面对这样的你！

想想真是，他回家的时候，我已经换上家居服窝在沙发里捧着茶杯看杂志了；早上，他出门我还睡在被窝里。一个屋檐下的两个人，就这么交错着，往复！白天精心打扮，精致到连睫毛都数好了根数的美丽妆容和搭配细致的衣服首饰鞋子，他从来都没有机会看到，在他的眼中，一年四季，我都是那个穿着宽松家居服、挽着发髻的庸常小妇人。不禁出了一身冷汗：原来，我最美丽的一面从来都是贡献给外人看的，在自己的爱人面前，是如此平庸。

利用一个周末，将满满一柜子的衣服翻拣出来，分成几类，做了一个“居家穿衣日志”。两年之内几乎不曾穿过的，果断淘汰；款式还算新颖，质地也好，舒适的，精心搭配，留下；小店淘来，或者是过季打折的小名牌，留下，搭配……根据当季温度，搭配出七套衣服，这样，既有小小的讲究，又不至于太过正式。从此后，亦常常添置居家的衣物，当然要质地面料舒服而且有特点的，避免千篇一律的家居服。日常出门，逛街、喝茶、聚会，要选择精致的，带一个精致盘扣，或者妩媚的蕾丝滚边，略略收腰，或者裙角飞扬的喇叭裙……就算遇到同事也不会给自己的形象减分。

现代女子,几乎没有不在乎自身形象的,都是衣服可劲儿买。但凡上班、聚会,必打扮得光鲜亮丽,化妆配饰都是少不了的步骤。所以,单位里的年轻女子个个水灵,即使是人到中年的也气质高雅、品位不俗。但,若说起居家穿衣来,讲究可就没那么多了。

想想人家日本女人,都要在老公醒来之前妆容齐备,免得让老公看到憔悴的模样,我们当然不必如此刻意取悦男人。但是,真要面对一个憔悴的女人时,大概没有人会有堪怜的心思,自己的心情也难免混乱。

唐朝才女李冶在《八至》里说:“至亲至疏夫妻。”我们也可以这样解释下,夫妻间,用心,则近;疏心,则远!光鲜居家,是一种态度,我的美,就要给你看!

光鲜出门,是对自己负责,对别人尊重;光鲜居家,是对爱负责,对家的重视。女人的美丽和自信是贯穿一生的功课与圆满,不应该有局限及场合的分别。

一个好女人的两面性，读书与家务怎样平衡

获得过诺贝尔文学奖的意大利女作家格拉齐娅·黛莱达结婚后，开始了写作与家务兼顾的生活，让人十分佩服！爱家的女人一般都要做些家务，但是爱自己的女人，总会多读些书，这是个矛盾体，都需要不少的时光来消耗。好书永远也读不完，家务亦然，只要活着，就琐琐碎碎地存在那儿。

婚前，我是个有书就饱的女子，常常是一本好书在手，乾坤变化肚子抗议，统统见鬼去，尤其是借

来的书，非一口气看完不可。怕人家来讨，看书最长的记录是一天一夜，休假，躲在出租屋里，面前有水和面包，一口气看完二十万字的小说，不起床、不洗脸、不睡觉……

结婚后，这样的好日子算到头了，看书变成了书看我——一大堆待看的书堆在床头眼巴巴的。因为，两个人总要吃饭吧，洗碗吧，买菜吧，要亲朋往来吧；结婚兴致勃勃买来的满屋子家具电器也成了麻烦，因为总得每天除尘吧……反正是林林总总，不胜其烦。结婚前下决心要当个贤妻良母的念头，早就被没完没了的家务给吓跑了。

偏偏老公又是个极爱干净整洁的家伙！自己每天皮鞋擦得锃亮不说，也要求我出门必擦鞋，就这一点，可难死我了。因为记不住，总挨他的唠叨。弄得我每当听到有家庭妇女抱怨老公乱放东西、皮鞋不擦、臭袜子乱扔的时候，就羡慕得要命，而我却总是因为袜子找不到、碗没有刷、被子没有叠而被老公批评。他总是能在我专心看书的时候发现地上的瓜子皮和厨房的脏乱差，扫我的兴。时间长了，我就乐得左耳朵进、右耳朵出，吃完了饭，抓起一本书就躲到一边去，听他两句抱怨，却能好好地看两页书，值啊。要是哪天早上袜子找不到了，我就连他的唠叨都懒得听，偷偷换双新的了事，反正我备了新的在抽屉里。

可是，也有非做不可的家务事。比如说做饭，我家的饭谁有空谁来做。可气的是除了看书之外，我就总是有空。看书，在人家眼里又好像是明目张胆的消遣，闲的！可是天知道，我是因为想看书，工作才做得飞快的。

生命只有一次，时光多么宝贵，不用来读书实在是有点可惜，后来我就被逼出了办法：比如做饭的时候就尽量熬粥，一把上好的白米，要是注重营养，再撒几粒莲子、栗子什么的，放些红豆、绿豆、花生豆。蒸汽袅袅飘散，香气肆意氤氲。而我则站在锅前，手执一勺，只需慢慢地搅动即可。另一只手优雅地端着本喜欢的书，小小的厨房里书香、米香环绕交缠，我自然乐得悠然自在。一些喜欢的杂志多半都是在做饭的过程中消灭完的。做菜也一样，我经常做的菜就是各种炖菜，费时间却不费事的那种。土豆、茄子、萝卜、豆角，皆可入菜。

洗衣服的时候最自在，衣服扔到洗衣机里，哈哈，转去吧，一个小时，足够我看完张爱玲的一篇小说了。

读书与家务，是女人生命中的双生花。左手青菜,右手诗书,像《佛经》上说的两生花,花开一千年,花落一千年,一朵艳丽,一朵淡雅。读书与家务互相依附而生,一路装点着女人灿烂多彩的生命!